WAC BUNKO

ドイツ参謀本部

渡部

JN120729

WAC

まえがき

伊藤正徳《まさのり》の名前を聞くことは近頃とんとない。しかし彼の『軍閥興亡史』（文藝春秋新社・昭和三十二年）は私にとって忘れ難い尊い書物である。それによって、私は明治以降の日本の歴史に目を開かされたのであったから。

ペリーで「泰平の眠り」から醒《さ》まされた日本がたどった一本の道は、欧米の植民地にされないこと、昔からの文明国だったインドやシナ（清）のようにならないことだった。それが富国強兵政策だったのだが、「富国」もつまりは「強国」になるための手段であった。この強国になるために日本人は努力し、最優秀の男たちが軍人になったのであった。その解り切った日本近代史の大筋が忘れられはじめた時に、伊藤のこの本が出たのである。日本の近代はとにかく国を強くすることであった。軍歌でなくても「国のため」ということが小学校の唱歌でも歌われた。すべての学校の卒業式で歌われた「螢の光」も、曲はスコットランド民謡であるが、その歌詞の三番は次の如くである（傍点渡部）。

筑紫《つくし》の極《きわ》み　道の奥《おく》
海山《うみやま》遠く　隔《へた》つとも

そのまごころは　隔《へだ》てなく
一つにつくせ　国のため

そして四番目は、

千島の奥も　沖縄も
八洲《やしま》のうちの　護《まも》りなり

という工合である。また「われは海の子」も七番は、

いで大船《おおぶね》を乗り出して
我は拾《ひろ》はん海の富
いで軍艦に乗り組みて
我は護らん海の国

なのである。

日本が敗戦してから十年目、私は同じく敗戦国のドイツに留学させてもらった。ある時、学寮の司祭の知り合いという老婦人の招待でオペラに出かけた。そこにはその婦人の兄というピンとした姿勢の、きっちりした服装の老人が待っていた。旧ドイツ軍の空軍中将だという。私はびっくりした。敗戦後の日本では、銅像も建てられていた大井成元《しげもと》陸軍大将

が、倉庫番か何かして貧窮のうちになくなったという新聞記事を読んだことがあったからである。「敗戦国の軍人はそういうものか」と漠然と考えていたところ、颯爽《さっそう》たる敗戦国の老将軍と出会ったのだ。

その後に知ったことは、戦争裁判で裁かれたドイツ人はユダヤ人迫害に関係があったナチス関係者だけであり、職業軍人は対象でなかったという。敗色濃い頃の西部戦線で大攻勢を展開したルントシュテット将軍などのところには、連合軍の将校たちの間には「詣《も》うでる」かの如く出かけて話を聞くという流行があったくらいだと聞いてびっくりした。民族差別を受け、国家全体として裁かれた日本とは全く違うのだ。

この空軍中将に出会って、私はのちに伊藤正徳の本を読んだ時のような「開眼」をしたのである。つまりプロイセンという北ドイツの一侯国が、近代の大ドイツに急速に発展したのは、プロイセン陸軍、のちのドイツ陸軍のおかげであり、ヨーロッパの近現代史の中心がドイツの動きであったとすれば、ドイツ軍の歴史が近代ヨーロッパ大陸の歴史の中心的なものなのではないか。そんなことから、その関係の本をポツポツ集めるようになった。

そして、帰国後に中公新書のために本書を書く機縁になったのは旧版の序文で述べてある通りである。篠田雄次郎氏に紹介されて中央公論社の正慶 孝《しょうけいたかし》氏が私のところにやってきて、本書の企画ができた。

書きはじめると一カ月足らずで出来上がったと思う。フリードリッヒ、ナポレオン、ビスマルク、モルトケ、ヒンデンブルク、ルーデンドルフ、ゼークト、ヒットラーなどなどの伝記や書物は、いろいろな形で少年の頃から読んでいた。そしてフリードリッヒ大王の軍国プロイセンからナチス・ドイツに至るまでの歴史の流れの中に、一本の筋が見えてきた。それは「リーダーとスタッフ」の関係の変化という筋である。そのストーリーを私の目に見えたままに書いた。最後の三分の一ぐらいは、正慶氏がとってくれた神田の山の上ホテルで一挙に書き上げた。細かい日時や人名などはあとでゲラの時に書き加えた。とにかく短時間で、やや誇張すれば一息きで書き上げたものであるから、読者の方も短時間で読み切ることができるのではないだろうか。私も若くてそんなふうな書き方ができたのである。まあ、一席の「読切り軍談」とでも言うべきであろうか。

渡部昇一

ドイツ参謀本部

目次

第2章 かくて「頭脳集団」は誕生した
――ナポレオンを挫折させたプロイセン参謀本部の実力

第3章　哲学こそが、勝敗を決める
――世界史を変えたクラウゼヴィッツの天才的洞察

第4章 名参謀・モルトケの時代

――「無敵ドイツ」を創りあげた男の秘密とは何か

第5章 「ドイツの悲劇」は、なぜ起きたか
――ドイツ参謀本部が内包した〝唯一の欠点〟

写真提供　ＰＰＳ通信社／毎日新聞社／ＵＰＩ・サン
ロイター・サン／ユニフォト　プレス
装幀／須川貴弘（ＷＡＣ装幀室）

第1章

近代組織の鑑《かがみ》——ドイツ参謀本部

——フリードリッヒ大王が制限戦争時代に残した遺産

「教訓の宝庫《クラシック》」としてのドイツ参謀本部

イギリスの史家アーノルド・トインビー（Arnold J. Toynbee. 一八八九―一九七五）は、若い頃にギリシア・ローマの古代史をみっちりやっておいて何よりよかった、と言う。この古典世界は、その興隆《こうりゅう》と衰亡《すいぼう》のサイクルがはっきりしていて、しかもそのサイクル内の因果関係が比較的明快である。そのため、古典世界の勉強は、歴史的・人生的教訓の宝庫として、ヨーロッパにおいては伝統的に尊重されてきた。西欧の興隆を招来したリーダーたちも、ギリシア・ローマの古典に親しむことによって、自己の人生観・歴史観・世界観などを形成してきていたのである。

この意味において、ドイツ参謀本部の歴史は一つの「古典《クラシック》」である。それは、そもそもの誕生から、生育、発展、光栄、悲惨、再建、消滅のすべての段階が、近代の比較的短い期間に起こったものであるため、見通しやすく、しかも原因・結果の連鎖が明快である。ということは、後世の教訓になりやすいということを示唆《しさ》する。歴史は鑑《かがみ》であるという意味で、ドイツ参謀本部は、組織として動く人間の運命を見るための重宝《ちょうほう》な鑑である、と言ってよいであろう。

現代の歴史叙述の方法では軍事史に割《さ》かれるスペースは実に少なく、大学の歴史教育においても政治史、経済史、文化史などはあっても軍事史はふつう教えられていない。ヒレア・ベロック（Hilaire Belloc. 一八七〇—一九五三）は、その名著『フランス革命』（The French Revolution, 1911）において、革命の軍事的側面が落ちていることがそれまでの歴史研究の欠陥であるとして、その本の五分の一を軍事に割いている。これはまさに卓見《たつけん》だと思われるのだが、ベロックなどは日本の大学の歴史教育では異端児扱《あつか》いされているのではないだろうか。

古来、歴史を動かした主動因は戦争であった。アレキサンダー大王の帝国は、その父フィリップの考案した長槍密集方陣、いわゆる「ファランクス」に負《お》うところが多く、ローマ帝国は、「レギオン」という小兵団戦術の開発にその起源がある、と言ってよい。その後、騎馬軍の登場、鉄砲の発明など、歴史をはっきり区切るような軍事技術上の発見・革新があった。そしてそのことについては誰でも常識的に心得ている。

しかし、参謀本部の誕生は、一つの組織上の工夫であるから人目につきにくく、通史からも落とされがちである。だからと言って、その歴史的重要性は鉄砲の発明などにいささかも劣るものではない。しかも、参謀本部という組織は、軍事上の分野にとどまらなかったというところに、今日的な意味が一つ加わる。ビジネスの世界でも大きな組織のところでは、「ライン」と「スタッフ」というようなことを言う。もちろんこれは元来軍事用語で、ラインは第一線の戦闘部隊、スタッフは参謀である。そして近代的大組織の原型の一つは、たしかにドイツ参謀本部にあった。

しかもこの組織は、軍事やビジネスに対する影響にとどまらない。今日、あらゆる大規模組織に見られるテクノストラクチュアの構造は、ここから出ており、それは今日の「頭脳集団《シンク・タンク》」の先駆的形態をなしているのである。

この歴史を叙述するに当たっては、その誕生前後の状況から第一次世界大戦までを比較的詳《くわ》しく、それ以降は輪郭《りんかく》にとどめた。というのは、第一次大戦以前のことについては比較的出ている文献が少ないので、そのような記述でも有用であろうし、それに第一次大戦中の記述は少し詳しく立ち入れば欧州大戦史そのものになるし、またヒトラーと軍の関係も少し詳しく立ち入れば、ゆうに一冊の本になってしまうからである。第二次大戦以後のことは、別次元の問題となるので、いっさい言及しなかった。そこで、最初に時代区分のことから入ってゆくことにしよう。

ヨーロッパの陸戦史、四つの時代区分

近代ヨーロッパの戦争史は、だいたい次の四つの時代に分けて考えるのが便利である。

第一期　三十年戦争後の絶対王権の時代

第二期　フランス革命とナポレオンの時代

第三期　ドイツ参謀本部の時代

第四期　第二次世界大戦後の時代

右の時代区分は、一般に行なわれている歴史区分と必ずしも一致しないかもしれないが、「戦争」という見地から見ると、そのように区分するのが自然のように思われる。この場合の「戦争」には海戦のことは含めていないから、正確に言えば「ヨーロッパの陸戦史」である。そして近代史の多くは、ヨーロッパ大陸の陸戦によって、決定されることが多かった。

イギリスのような海洋国家の政策も、結局は、ヨーロッパの陸戦の状況を踏まえたうえでの決定であった。アメリカが第一次と第二次の両世界大戦に介入・参戦したのも、ヨー

ロッパ大陸の陸戦の状況は、世界のどこの国にとっても超重大事件だったからである。そして近代西ヨーロッパという人類全体の歴史のうえで特別な意味を持つ歴史事象は、右のような四つの時代に分けて考えると、はじめて理解されることが多い。

この四つの時代のうち、第二次大戦後のことについては、本書ではまったく扱わない。主として第三期の「ドイツ参謀本部の時代」を中心に見てゆくことにする。しかし時代を理解するためには、それに先行する二つの時期を概観しておく必要がある。第一期の戦争の思想と技術を対比してみて、フランス革命が社会革命であると同時に、戦争のうえでの革命であったこともわかるのであるし、それが必然的に参謀本部の時代に移行するのも、おのずから諒解《りようかい》されるのである。

宗教的情熱からはじまり、宗教への幻滅を残した三十年戦争

「三十年戦争《デア・ドライスイッヒイエリゲ・クリーク》」は、日本人にはあまり馴染《なじ》みのない戦争である。

それはドイツのなかのカトリック諸侯とプロテスタント諸侯の争いが中心で、周囲の国がそれぞれの利害関係から介入した。それはヨーロッパにおける最後の宗教戦争と言って

もよいものだが、一六一八年に勃発《ぼっぱつ》して一六四八年まで続いた。なるほど、はじめは宗教戦争であったが、だんだん他の多くの要因が加わってきて、複雑な戦国時代を現出し、ドイツ全土がこれ以上荒れようがないほどの荒蕪《こうぶ》の地と化した時に、はじめて熄《や》んだ。

その惨状はどのようなものであったか。

ドイツはかつて「神の庭《ゴッテス・ガルテン》」と呼ばれていたことがあったが、それが三十年間にわたって一大戦場となり、平和条約が締結された時、ドイツの人口は三十年前の三分の一以下の七百万（一説に九百万）に減っていた。六〇パーセント以上の人口が消えたのである。第二次大戦で日本が失った人口は、あれほどのおびただしく悲惨な大戦であったにもかかわらず、約六パーセントであったことを考えれば、人口比率から見たその災厄《さいやく》の大きさが推測されようというものではないか。

たとえば、ヴュルテンベルクだけでも一六三四年から一六四一年までに三十四万五千人が殺され、チューリンゲン地方の十九カ村一千七百七十三世帯があったところでは、たった三百十六世帯しか残らなかった。これはほんの一、二の例にすぎず、数百という村落がまったく地図から姿を消したのである。

その結果はどうであったか。

宗教的には、まったく無意味であった。もう人びとは、宗教は戦うに値《あたい》するものと思わなくなった。つまり宗教など、どうでもよくなったのである。そして、「三十年戦争」の締《し》め括《くく》りをつけた「ウェストファリア平和条約」(一六四八年十月)において、「領主の宗教は領民の宗教」(Cujus religio, ejus religio)という宗教的にナンセンスな原則が提案された時、誰一人反対する者がなかったほどである。宗教的情熱からはじまった戦争が、宗教的情熱に対する全《まった》き軽蔑で終結したのである。

それはこの頃のイギリスで、国王チャールズ一世を断頭台に送ったピューリタンの情熱(一六四九年のピューリタン革命)が、その後、約十年後にはチャールズ二世(在位一六六〇—八五)の淫風蕩々《いんぷうとうとう》たる宮廷を歓迎する気風に一変したのと、好一対《こういっつい》をなすものであった。

三十年戦争が残した教訓

この戦争のさなかに現われたオランダの法学者フーゴー・グロティウス(Hugo Groti-us, or Huigh de Groot. 一五八三—一六四五)の戦争の法哲学である『戦争と平和の法について』(De Jure belli ac Pacis, 1625)は、時代思潮を知るうえからも有益な本である。彼は、国家同士の争いを、社会のなかにおける個人同士の争い、つまり騎士vs.騎士の決闘と同じようなものとして考えたのである。

当時、「人類社会」という観念が生まれはじめていた。したがって、「国家間の法律」(jus gentium)も、個人間の関係を調整し規定する法律のごとくあらねばならぬ。つまり他人(他国)の権利を尊重し、相互間の契約(条約)を守らなければならない。戦時においても平時においても、国家同士は法に従わなければならない。それは同一社会の個人同士が、互いに相反する利害で争う場合でも、法に従って争わなければならないのと同様である。

この見地からすれば、いわゆるマキャヴェリズムは個人同士の殴《なぐ》り合い、殺し合いに匹《ひっ》敵《てき》するものと見なされることになる。そして苛《か》酷《こく》な戦争の法則は、「緩和」(tempera-menta)の考え方によって緩《ゆる》やかなものにされなければならないとする。

グロティウスのこの考え方は、スイスの法学者エンメリッヒ・ド・ヴァッテル(Em-merich de Vattel. 一七一四―六七)の『諸国民の法』(Le droit des gens, 1758)に継承され発展させられた。

彼の言うところによれば、戦争は不幸にも国家間において正義を得るための唯一の手段であるから、すべての戦争は正義である。したがって、戦争の正義は手段を選ばずに勝つことを許さない。戦争の目的は、本質的に言って公平にして永続的な平和の達成であるが故《ゆえ》に、手段も正義に反してはならない。非戦闘員は保護されねばならず、被害を蒙《こうむ》らないよう配慮されなければならない。条約は相手に厳しい条件を押しつけるものであってはならず、緩やかなものでなければならない云々《うんぬん》、という自然法の考え方に基《もと》づく「国際法」の考え方が説《と》かれたのである。

今日の人は、このようなことは法哲学者の理想論であり、実際問題は別だと言うであろう。しかし、このような法哲学者の理想論がほぼ理想的に遵守《じゅんしゅ》されたのが、ヨーロッパの十八世紀というものであり、それが三十年戦争の教訓というものであったのである。

ルール違反を許さないスポーツのような戦争

三十年戦争後のヨーロッパの生活と戦争との関係を描写した例として、吉田健一《よしだけんいち》氏（吉田茂《しげる》元首相の子）の『ヨオロッパの世紀末』（新潮社、昭和四十五年）から引用してみたい。

「……スタアンの『感傷旅行』を読んでゐると、スタアンがパリに着いて戦争でものがないのに就《つい》て愚痴《ぐち》を言ふと、今は貴方の国と私達の〔国〕が戦争をしてゐるのですからと宿屋の主人にたしなめられる話が出て来る。これは所謂《いわゆる》、七年戦争の時のことであるが、そのもう少し前にあったオオストリア王位継承戦争ではフォントノアの戦ひで英国の近衛聯《このえれん》隊《たい》とフランスの近衛聯隊の遭遇戦《そうぐうせん》になり、両側が暫《しばら》く睨《にら》み合ってゐてから英国の司令官がフランスの〔司令官〕に、どうぞお先にと発砲を勧《すす》め、フランスの〔司令官〕が辞退し（『イギリス兵諸君、まず先に撃《う》て』"Tirez les premiers, Messieu-rs les Anglais"——渡部注）、さうして譲《ゆず》り合ってゐて結局、英国側が先に発砲してフランス側の第一線が殆《ほとん》ど全滅した。これは作戦の問題ではなくて決闘する時の礼儀に従ったので、兵隊も各自の司令官の措置《そち》を粋《いき》なものに思ったことは言ふまでもない。併《しか》しこの戦ひでフランス側が勝ち、両側の負傷兵は付近の村で手厚い看護を受けてから銘銘《めいめい》の郷里に送り帰された。

かういふことが凡《すべ》て当り前なことだった所に十八世紀のヨオロッパといふものの面目がある。スタアンが敵国で旅行することが出来たのは戦争をしても相手の国の人間を凡《すべ》て敵には仕立てず、非戦闘員ならば自由に国内に入ることを許す慣例だったからで、英国の司令官がフランスの〔司令官〕に先に発砲するやうに言ったのは相手に礼儀知らずとは思はれたくないからだった……戦争だから人間を人間として扱《あつか》はなくてもいいとか、或《あ》る目的

の為《ため》に人間といふものを忘れるとかいふ観念は十八世紀のヨオロッパにはなかった」(38ページ)

これは、当時の状況をまことによく描《えが》き出しているが、ここから容易に看取《かんしゅ》しうることは、戦争に熱狂、あるいは憎悪がない、少なくとも剝《む》き出しになっていない、ということである。地獄のような三十年戦争を経て、ヨーロッパの戦争は、一転してスポーツのようなものになったのであった。それは今日、「制限戦争《リミテッド・ウオーフェア》」と言われるものであり、相手を鏖《おう》殺《さつ》(みなごろし)したり、徹底的に叩《たた》きのめすことはしないのである。それは宗教的熱狂の時代から醒《さ》めた「理性の時代《エイジ・オブ・リーズン》」にふさわしく、戦争すらをも理性的に、また人道的にしようというのであった。

この時代の戦争の代表者みたいなフリードリッヒ大王ですらもフランス人のヴォルテールやイギリス人のロックと親交があり、その意見に耳を傾《かたむ》けていた。一般にどの国の国王も当時の哲学者の啓蒙《けいもう》主義的な考え方に大きく支配されていたのである。戦争のことだから戦争のルールを破ったとしてもそれを裁《さば》く法廷があるわけではないのだが、当時の西ヨーロッパのムードは、戦争する君主にほとんど道義上のルール違反を許さないもののようだったし、また君主たちや将軍たちも名誉を第一に心がけて、ルールをよく守ったのであった。それは戦争におけるロココ風と称すべきものであろう。

では、「制限戦争」時代の国家と戦術の具体面は、どのようなものであったろうか。

「制限」されていた絶対君主同士の戦争

人道的な理念で規制され、戦闘員の盲目的熱情に依存しなかった十七世紀後半から十八世紀にかけての戦争は、当然ながら戦闘方法自体も厳しく制限されたものであった。

それはまず、絶対君主の常備軍同士の戦闘だったということである。絶対君主というのは、彼の国のなかには彼に対抗する勢力は何もないということである。昔は部下の貴族がそれぞれ軍隊を持っていて国王に敵対したし、また教会が反対することも少なくなかった。しかし三十年戦争以後は教会にはそんな力はないし、貴族は君主の常備軍の「士官」あるいは「将校」にすぎなくなった（ただし、常備軍の設置やその予算に関する権利を議会が持っていたイギリスは例外である）。

ここから出てくる第一の特徴は、戦争の目的が著《いちじる》しく限定されることである。つまりそれは特定の事項に関する外交手段であり、外交の取引を多少とも有利にすれば事足《ことた》りるので、敵軍の撃滅は目的でないし、まして、市民や農民の平穏な生活状態を乱すものであってはならない、という暗黙の了解があった。絶対君主同士の戦争がそんなにも「制限」されたものであることは、現在からはちょっと信じられないので、もう一つ例を挙《あ》げてみよう。

フリードリッヒ大王の時代、ケーニッヒスベルク市がロシア軍の占領下に置かれたことがあった(一七五八年一月―六二年七月)。しかし第二次大戦後の東欧や満洲(戦後の中国東北地区)の場合とはまるで違っていて、市民生活には無関係で、戦争の被害があるわけではない。ただ一つ以前と変わったところは、市役所などの公《おおやけ》の機関がロシア女帝エリザベータ(在位一七四一―六二)に忠誠を誓《ちか》い、市の紋章をプロイセンの鷲《わし》からロシアの鷲に変え、日曜日の教会の祈りの時に、ロシア女帝の名前をあげて祈るぐらいがすべてであった。市民たちは、ロシアの将校たちとふつうに交際していたし、そのなかには有名な哲学者のカント(Immanuel Kant 一七二四―一八〇四)もいた。カントはこの頃、ロシア女帝に教授申請の手紙を出しているが、これは被占領前にフリードリッヒ大王に出したものの宛名《あてな》を変えただけの手紙と言ってもよい。

そしてまたフリードリッヒ大王の軍が戻《もど》ってくれれば、何事もなかったごとく、市役所は大王に忠誠を誓い、市の紋章はロシアの鷲からプロイセンの鷲に変わり、日曜日の教会の祈りにはフリードリッヒの名前が使われ、カントはまた教授申請の書簡の宛名を書き換えるまでである。変化はそれだけである。あれだけ多いカントの著作や私信のなかにも、この戦争や占領に言及したものは皆無《かいむ》とのことであるが、戦争は市民とはそれほど関係のないことなのであった。

兵士の逃亡――指揮官が最も怖《おそ》れたこと

制限戦争をさらに制限させたのは、「兵士」の質である。制限戦争には振りかざすべき「大義《たいぎ》」がそもそもないのだから、正義のために志願する者はいない。そこで、貧農の子弟と都市の失業者から志願で兵を募《つの》り、足りないところは金で契約した傭兵《ようへい》でまかなうという方式であった。

したがって将軍が最も怖《おそ》れなければならないのは、兵士の脱走、逃亡である。

脱走兵を出さないようにするためには隊列をつねに整然と保ち、生活水準（？）を下げないよう配慮しなければならない。食糧や衣服の支給に事欠いてはならない。行軍の速度は一分間に八十歩ぐらいで、行軍の三日目ごとに糧秣庫《りょうまつこ》があるように配慮する。しかも補助的な補給所を一日ごとの行程に設《もう》ける。そうでもしないと脱走兵が大量に出るのである。おまけに将校のほうも、平時の贅沢《ぜいたく》な生活を、戦時だからといって捨てる気はさらさらない。ある将軍の個人的な荷物だけで馬車十六輛《りょう》、駄馬五十余頭、馬数頭を要したという。江戸時代の大名行列さながらの行軍であった。

したがって軍隊の機動性は極端に低い。当時の道路はどこでもひどかった。こんな軍隊を率《ひき》いて戦争するには地形が限られてくる。森林地帯、沼沢地《しょうたくち》、山岳地帯は戦場にならない。相当にひらけた平野があって、天気のよい季節が戦闘のための原則的条件であった。補給には水路のほうが陸路よりも便利だということになると、制限戦争時代の戦場が低地に偏《かたよ》っていたという理由もわかろうというものだ。

さて、両軍が見合って撃合《うちあ》いになると死傷率が大変である。戦闘員の死傷率は、この時代が最も高かったと言われる。「マルパラケの戦い」（一七〇九）における勝利者マールボロ公（Duke of Marlborough, or John Churchill. 一六五〇—一七二二。チャーチル元英国首相の先祖）の軍は、兵力の三三パーセントを失い、「ツォルンドルフの戦い」（一七五八）には、敗者のロシア軍は兵力の五〇パーセントを失い、勝者のプロイセン軍は三八パーセントを失った。

翌年の「クネルスドルフの戦い」では、プロイセン軍は、その兵力の四八パーセントを失っている。つまり、ひとたび戦場で両軍相《あい》まみえれば、勝ったにしろ負けたにしろ三〇パーセント以上、五〇パーセント内外の兵力を失うものと考えなければならなかった。

しかも勝っても、その勝利は絶対に決定的なものにならない。追撃戦が不可能であるからである。追撃戦は引き上げてゆく敗走軍よりも、より速く進撃しなければならないが、それは当時の軍隊には無理であったし、それを無理してやれば、逃亡兵が大量に出るおそれがある。とにかく指揮官が少し目を離せば、勝ち敗けにかかわらず、兵隊はずらかろうと待ちかまえているのである。

また戦闘員の死傷率が、そんなに高ければ、その社会的影響が大変であろう、という心配があるかもしれないが、それは大したことではなかった。というのは、当時の将兵の数は、総人口のごくごく一部にすぎなかったし、一般の人の生活からは切り離されている集団同士のことだったからである。

ただ、ひどい被害を蒙《こうむ》るのは、その軍の所有者である君主である。当時の主要な戦闘様式である「線形戦闘《せんけいせんとう》」ができるまで将兵を訓練するには、最低二年間の練兵《れんぺい》期間を要し、ひとたびその兵士を失えば、再《ふたた》び補充するのが難《むずか》しかったからである。志願兵がそんなにいるわけはないし、戦闘プロの傭兵《ようへい》は、どこの君主も人集め将校を使って探しまわっているにもかかわらず、そうたやすく見つからないからである。そこが傭兵の傭兵たるゆえんで、どこの国の君主であるかは問題でなく、待遇のよいほうならどこにでもなびくのである。

戦争を好み、戦闘を毛嫌《けぎら》いした君主たち

右に述べた状況から当然、一つの結果が予想される。つまり、君主や将軍たちは、戦争をよく起こすが、戦闘を極度に怖《おそ》れたということが、それである。「極端に戦闘を怖れる好戦的な軍隊」というパラドックスが「制限戦争」時代の軍隊の実情であった。つまり戦争は、「君主のチェッカー・ゲーム」であり、兵士は、君主の高価な玩具《がんぐ》であったのである。「用兵の妙《みよう》」を見せるのが指揮官の腕なのであって、本当に戦わせるのが能《のう》ではない。敵の補給路を断てば戦いは勝ちなので、鉄砲を撃《う》ち合うところまでゆくのは下策《げさく》である。十八世紀は戦術の時代、用兵の時代であり、前進・背進を巧《たく》みに行い、敵の将軍を巧みに欺《あざむ》いてその補給路を断てば勝ちになるという、ゲームみたいなものであった。両軍の装備や

戦闘形態や武器の質や行軍速度は、ほぼ同じなのだから、やり方はどうしても盤上のゲームと酷似《こくじ》してくるのであった。勝敗はまったく将軍の駒《こま》の進め方しだいで決まる、と言ってよいのである。

また、兵士が「君主の玩具」であることを最もよく示している例として、フリードリッヒ大王の父のフリードリッヒ・ヴィルヘルム一世の例を挙げてもよいかもしれない。

彼は強力な軍隊をこしらえあげた。しかもその近衛兵《このえへい》は全欧的に有名であった。彼は身長の高い兵士が大好きで、二メートル以上の身長の男なら、見つけしだい相手がいやだと言ってもポツダムの兵営に連れこんだ。カトリックであろうとプロテスタントであろうと宗派にはこだわらなかった。農民であろうと市民であろうと、文盲《もんもう》であろうと学者であろうと、プロイセン人であろうとなかろうと、いっさい、おかまいなしであった。したがって、この君主の好意を得たいと思う人は巨人を贈り物にした。ロシアのピョートル大帝（在位一六八二―一七二五）などは、二百人以上もの巨人を集めて贈っている。

この「ポツダムの巨人軍《ギガンテン》」、フリードリッヒ・ヴィルヘルムの「青色制服衆《ポツダマー・ブラウエ・クナーベン》」たちは、国王によってとりわけ徹底的に訓練された。このように大切な兵士をどうして戦場で死なすことができようか。好戦的と一般に考えられていたこの国王は、二度の戦争に参戦したが、ただの一度も戦闘にはこの軍隊を使わなかったのである。

このため、この国王が五十二歳で死んだ時、息子のフリードリッヒ大王に、よく整備された国家と、八万三千の無傷の精鋭と、九百万ターレルという莫大《ばくだい》な現金を遺産として残してやることができた。

制限戦争時代のプロイセン

三十年戦争の頃のブランデンブルク公ゲオルク・ヴィルヘルム（在位一六一九―四〇）は、派手《はで》な宴会と狩猟のほかには関心のない男で、はるか北東のプロイセンの地方が狩《かり》の獲物《えもの》が多いと言ってはベルリンを去ってそこに行き、国全体を荒廃と飢饉《ききん》状態においてもかまわないような君主であった。十七世紀の半ばには、この取るに足らないドイツの一貴族の国が、わずかの間にヨーロッパの台風の目となり、ついにヒトラーを生むに至《いた》るまでには特別な要因がさまざまあった。

まずフリードリッヒ大王に至るまでの概略を見、フリードリッヒの軍隊の特質を見ることにしよう。

◀「ポツダムの巨人軍《ギガンテン》」と呼ばれたフリードリッヒ・ヴィルヘルム一世の長身近衛《このえ》兵は、徹底的に鍛《きた》えあげられたが、戦闘には使われなかった

▶フリードリッヒ・ヴィルヘルム一世は、国家財政と軍備を整備・増強し、プロイセン絶対王朝の基礎を築いた

(a)フリードリッヒ・ヴィルヘルム(在位一六四〇―八八)

大選挙侯フリードリッヒ・ヴィルヘルムは、二十歳《はたち》でブランデンブルク選挙侯の位《くらい》を継ぎ、三十年戦争の結着をつけた「ウェストファリア平和条約」(一六四八)が締結された時は、まだ二十八歳のまったく無名の青年であった。

条約によれば、全ポンメルンは、ブランデンブルク選挙侯に帰属することになっていたが、肝腎《かんじん》の西ポンメルンはスウェーデンに取られ、東ポンメルンの一部と、元来は教会領であったハルバーシュタット、ミンデン、マグデブルクなどのあちこちの領地は、まるで囲碁の布石のように飛び飛びになっていた。しかもプロイセンとの間にはポーランドがあって陸続きにならない。これを続ける鉄の輪がなければならないことになる。これが常備軍であると、青年フリードリッヒ・ヴィルヘルムは洞察《どうさつ》した。

彼は十四歳頃からオランダで成長し、ライデン大学に学び、親戚のオラーニエン公のもとで先進国の政治の実際を見聞きしていたのである。そして三千の軍隊からはじめて、数年後には八千の精兵を持つに至った。この間、近隣諸国とあるいは同盟し、あるいは反対同盟に加わり、しだいに力をつけ、ついに一六七五年の「フェルベリンの戦い」において、数においてはるかに優勢な、そして当時世界最強と謳《うた》われたスウェーデン軍を独力で倒した。これによって彼は、国の内外に着実に権威を確立していったのであった。もはや国内には彼の権威に服さない貴族はいなくなり、「常備軍を持った絶対君主」という「三十年戦争」後の西欧のパターンに追いつくことに成功した。

かくしてプロイセンは、「国が軍を持つに非《あら》ずして、軍がその軍営として用《もち》いる国を持っているのだ」と言われる状態にまでなったのである。

この大選挙侯の軍隊に、のちのプロイセン＝ドイツ陸軍の特徴になった点がいくつか認められる。

その第一は、君主自《みずか》らが将軍であり、「フェルベリンの戦い」においても自ら戦場に赴《おもむ》いて奮戦していること、すなわち「陣頭指揮《じんとうしき》」の型式である。

第二は、その領内のプロテスタント教会は、国王の支配下にあって、臣下の「服従の義務」を徹底的に叩《たた》きこんだことである。すなわち、この君主の領内では、他のキリスト教的美徳を犠牲にしてまで、服従が重んじられたのである。これは国教というものの持つ危険性を暗示する。

第三は、ユンカー（Junker）というエルベ川以東の北ドイツの小貴族たちが、常備軍の幹部将校団として、確乎《かっこ》たる地歩《ちほ》を占《し》めるようになったことである。ユンカーは元来、juncherro《ユンクヘロ》、時代が少し下ってjuncherre《ユンクヘーレ》と呼ばれていたもので、原義は、jung herr《ユング ヘル》、つまり「若殿《わかとの》」、すなわち、侯爵《こうしゃく》や伯爵《はくしゃく》の息子のことであった。彼らは年少時から他の貴族の小姓《こしょう》として従軍したり、ドイツ騎士団に属してドイツ北東部の異教徒と戦ったものであった。それがのちに大農場所有の小貴族を指《さ》すようになったのである（これはイギリスのyeoman《ヨーマン》と対比して考えられる。ヨーマンもyoung man《ヤング マン》が訛《なま》ったもので、元来は貴族の子弟が他の貴族の従者として戦場に出ていたのだが、のちに土地所有階級を示す語になった）。

ユンカーは、多く五百ヘクタール内外の農場を自ら経営したが、その次男以下の男子は、プロイセンの官僚、特に大選挙侯以後は常備軍の将校になり、のちのドイツ参謀本部の中核をなすに至ったのであった。そして二十世紀に入っても、ドイツ陸軍の将校の二割以上がユンカー出身だった、と言われている。彼らの宗教は、ルター派のプロテスタントであり、前に述べたように服従の誓《ちか》いを特に重んじた。

君主が戦場における指揮官であること、宗教がルター派であること、ユンカーを将校とすることがプロイセン常備軍を支える三本柱であるが、このほかに補足的要因が二つある。

その第一は、大選挙侯はルイ十四世の抗議にもかかわらず、信仰問題でフランスを去った二万人のユグノー教徒（カルヴァン派の新教徒）をベルリンとブランデンブルクに居住させたことである。彼らは技術を持っていたので、工業の隆盛に大いに貢献したほかに、その子弟のうちにはプロイセン常備軍の将校になる者が少なからずいたようである。

第二の要素は、その後プロイセンがポーランドの領土やシュレージェン地方をその領土に含むようになってから、ポーランドの没落貴族の子弟が、どっとプロイセン軍に入ってきたことである。十八世紀の末頃には、プロイセンの上級貴族の五分の一、下級貴族の四分の一はポーランド系であった、という記録もある。人によってはプロイセン軍の将校に見られる独特の高慢さや、ときおり度《ど》を外《はず》す傾向は、これらの「外からの血《フレームデス・ブルート》」のせいだと言う人もいることを付け加えておく。

(b) フリードリッヒ三世（在位一六八八—一七一三）

フリードリッヒ三世は、初代プロイセン王となって、フリードリッヒ一世を称した人であるが、父の大選挙侯とはまったく正反対のタイプの男で、一六八八年にブランデンブルク選挙侯になってからは王位を獲得することと、フランス王ばりの華美《かび》な生活を送ること以外のことには、関心を持たなかったようである。

しかし、ともかくも彼が支配していたプロイセン大公国は、父の大選挙侯の努力のおかげでポーランドの宗主権《そうしゆけん》を離れて、自分自身の宗主権を確立しており、ブランデンブルクのようにドイツ帝国（オーストリアのハプスブルク家が皇帝の位を持っていた）に属していなかったので、プロイセン王と称することを得たのである。そしてスペイン王位継承戦争（一七〇一―一四）に皇帝を軍事的に援助する約束をし、その取引条件として自分の王号を事後承諾してもらった。自分の即位式に使った金が四百万ターレルといった濫費《らんぴ》ぶりで、死んだ時に残ったものは重税制度と数百万ターレルの借金であった、と言われる。彼の時代のブランデンブルク＝プロイセン軍は、いくつかの制限戦争に参戦したが、これという名声も得ない代わりに、一般にはよい軍隊という評判を得ていた。

(c) フリードリッヒ・ヴィルヘルム一世（在位一七一三―四〇）

二代目のプロイセン国王になったフリードリッヒ・ヴィルヘルム一世は、父とは正反対の質素で勤勉な、いわゆる典型的にプロイセン型の人であった。唯一の贅沢《ぜいたく》は「ポツダムの巨人軍《ギガンテン》」を作ったことだけである。彼は宗教的迫害を受けている新教徒を人口の少ない地方に入植させたり、戦闘を忌避《きひ》したおかげで見違えるように富裕になった国家を長男に残すことができた。彼が父のフリードリッヒ一世から受け継いだ軍隊は四万であったが、彼が死ぬ時はそれが倍以上になっていた。そして何よりも彼は、最初、文弱《ぶんじゃく》だった息子のフリードリッヒ（のちのフリードリッヒ大王）をしごきあげ、軍事的天才にすることに成功したのである。

（d）フリードリッヒ二世（いわゆるフリードリッヒ大王、在位一七四〇―一八六）

フリードリッヒ大王が即位した十八世紀中頃のヨーロッパの列強の人口は、おおよそ左のごとくであった。

プロイセン……………………二百五十万
帝国（オーストリア）…………一千三百万
フランス………………………二千万
イギリス………………………一千万
ロシア…………………………四千万（推定）

（ロシアの人口調査の最も古いものは一八九七年の約一億三千万であり、右の数字はまったくの推定である）

人口の大きさは当時のヨーロッパにあっては領土の大きさを示し、国力を示し、軍隊の規模の大きさをも示すものであった。「七年戦争」（一七五六―六三）においてフリードリッヒ大王は、オーストリア、フランス、ロシアの三国、それに加えてスウェーデンを同時に敵にまわして多正面戦争を戦わなければならなかった。イギリスだけはプロイセン側についたが、兵力は送らず、ただ財政援助にとどまった。まさに人口的には三十対一の戦いで、当時の常識からして勝てるわけのない戦いである（ただし兵隊の数はプロイセン二十万、連合軍四十万ぐらいであった）。

事実、フリードリッヒ大王は勝たなかった。主要な戦闘は十六回あって、その半分は負《ま》け戦《いくさ》であったのである。しかし最終的な平和条約において、フリードリッヒ大王は、シュレージェンとグラーツを所有することになり、自己の主張を通すことができた。

全ヨーロッパは突如《とつじょ》として出現した軍国プロイセンに驚いたが、その驚きには憎悪《ぞうお》の念はあまりなく、むしろ感嘆者や賛美者のほうが多かったようである。フリードリッヒ大王は、制限戦争をやったのであり、しかも類のないタフなファイン・プレーを見せたのであるから、観客は大いに喜んだ。元来はフリードリッヒの敵国であったロシア皇帝ピョートル三世（在位一七六二年一月―六月）は、大王を敬慕《けいぼ》するあまり、自分が即位するとすぐにロシアがすでに占領していた土地を全部返したうえ、援兵まで申し出たくらいである。では、フリードリッヒ大王のプロイセン軍が、なぜ三十対一の戦争をやりとおせたのであろうか。それにはいくつかの理由がある。

まず第一には、大選挙侯以来のブランデンブルク＝プロイセンの国家体制の特色が挙げられる。国王は宮廷にいるものでなく、戦場における最高司令官であり、ユンカー階級は、親子代々の将校団として定着し、服従の徳目《とくもく》は徹底していた。国王が大元帥《だいげんすい》であるがゆえに、軍服は社交の場においても正式の礼服となり、しかも最も幅《はば》の利《き》く服装となった。また文官でも高級官吏は「軍事顧問」(Kriegsrat) の称号を与えられるのであった。このため戦時においては国家予算の九二パーセントを軍備にまわしても文句は出ず、小国ながらも十五万から二十万の軍を使うことができた。

第二には、フリードリッヒ大王は、制限戦争のキー・ポイントは敵の補給路を断つことにあるということを誰よりも強く実感し、その戦略を考えたことである。それは簡単に言って、行軍速度を速める工夫をすればよい。それを実際にやったのである。一七五七年十一月五日にロスバッハでフランス軍を破ったフリードリッヒ大王の軍は、それからちょうど一カ月後の十二月五日にロイテンでオーストリア軍を破っているが、その時の行軍スピードは、一日平均二十キロぐらいである。これはナポレオンが出現するまでは見られなかったスピードで、当時の常識になかったことであった。そして「兵站《ロジスティックス》」を重視した大王は麾下《きか》の将軍に与えた指令要綱のなかでも、「空腹ほど兵の士気をくじくものはなし」と教えこんでいる。

第三には、父王フリードリッヒ・ヴィルヘルム一世が残してくれた厳格な軍律と、徹底した練兵の伝統を、さらに強化したことである。そのため、他の指揮官なら発することができないような無理な命令も、大王は発することができた。そして、自分の命令が実行されるであろうということを、確信することができたのである。これは、用兵の妙《みよう》が圧倒的に重要な制限戦争の「戦闘ゲーム」においては、何ものにもまして勝利の要因につながるものであった。

第四には、大王の「工夫の才《インヴエンテイブ・タレント》」である。彼は、大砲を曳《ひ》かせる馬を縦列にして戦闘中の発射位置変更ができるようにしたり、臼砲《きゆうほう》（砲身が口径に比べ著《いちじる》しく短く、射角の大きな大砲）の効果を認めて、火力の三分の一を臼砲にしたりした。また銃の槊杖《さくじよう》（込め矢）をそれまでの木から鉄にしたため、著しく性能が上がったこともある。特に「メルヴィッツの戦い」（一七四二）の勝利はこの工夫のおかげだったとされている。

「戦闘なき戦争」が可能だった時代

　しかし何と言ってもフリードリッヒをしてフリードリッヒたらしめたのは、制限戦争時代に戦闘を怖れぬ稀有《けう》の指揮官であったことである。

　十八世紀に武名を上げた将軍は、イギリスのマールボロ公にしろ、サボイのオイゲン公にしろ、フランスのサックス将軍にしろ、戦闘の勝利者ではあったが、何と言っても制限戦争時代には戦闘は極端に嫌《きら》われたのである。この点においてもフリードリッヒ大王は異質であった。いつでも戦闘する気であり、戦闘は戦争を決定する決定的要因であることを率直《そっちょく》に認めていた。そして、つねに自《みずか》ら突進することに躊躇《ちゅうちょ》しなかった。七年にわたって十六回の大戦闘を行うというのは常人でない、と諸国が認めた時に、人口比率三十対一の劣勢でありながら、平和会議で言《い》い分《ぶん》をとおすことができたのである。

　七年戦争の結着をつけた「フーベルトスブルクの平和条約」（一七六三）以後死ぬまでの間の二十三年間、フリードリッヒ大王は一度も戦闘に入らなかった。一七七二年の「第一次ポーランド分割」と一七七八年から翌年にかけての「バイエルン王位継承戦争」の際の二度にわたって、戦闘が起こりかけたが、フリードリッヒ大王が軍を進めるだけで戦わずして話がついた。制限戦争という名のチェッカー・ゲームの極致《きょくち》である。

行軍の速さや戦闘に躊躇なく飛びこむ点でフリードリッヒ大王はナポレオンと似ているが、根本的な相違があった。フリードリッヒ大王の戦いは、それがシュレージェン地方の確保ということに目標が限定されていたから、晩年の二十数年は極《きわ》めて平和であり、国民の数も即位当時の三倍近い六百万に達し、国土は繁栄し文物も興《おこ》ったが、ナポレオンのほうは、後に述べるように、目標が広大で少しも制限されていなかった。

フリードリッヒ大王は戦闘を数多くしたが、相手の軍を全滅させようとしたり、相手国を亡《ほろ》ぼそうなどと考えたことはない。彼はあくまでも十八世紀の制限戦争における卓越したリーダーであるにとどまった。晩年は戦闘なしの用兵だけで外交目的を達することに努め、それに成功したのみならず、親交のあったヴォルテールの意見を反映してか、戦争の不毛性を口にし、反戦的な言葉が多かったのである。

この点、制限戦争時代のフランスの名将モーリス・ド・サックス（Maurice de Saxe. 一六九六―一七五〇）が彼の死後出版された書物のなかで、うまくすれば将軍は一生戦争に従事しながらも、一度も戦闘に入ることなしに済《す》むかもしれない、と言っていることが思い合わされる。彼は「フォントノアの戦い」(一七四五年)という、当時の最も死傷者の多い決定的な戦闘の一つにおいてイギリス軍を破った勝者なのであるから、この発言は特に興味深く思われる。

「戦闘なき戦争」は、制限戦争時代の将軍の夢なのであった。サックスはその遺著に『わが幻想』(Mes Réveries, 1756)と名づけたのであるが、フリードリッヒは晩年、その夢を実現したと言えよう。

ついでに付け加えておけば、大王は青年時代、すこぶる文弱《ぶんじゃく》で、文学を愛し、音楽に淫《いん》したため、父王によって投獄されたり、王位継承権を剝奪《はくだつ》されかかったこともあった。そして脱獄してイギリスに逃げ、そこで結婚しようと計画したこともあった。脱獄した時は途中で捕まって、それを援《たす》けた若い将校は死刑にされている。

また、王位についてからも新聞の発行を許可し、大幅な言論の自由を認め、拷問《ごうもん》を廃止し、信教の自由を許すなど、まことに啓蒙的《けいもうてき》で、カントも「フリードリッヒの世紀」として讃《たた》えているぐらいの明るい時代を作ったのであった。また、音楽をすこぶる愛し、宮廷の楽団もあったが、戦費調達のため資金が足りず、演奏者を充分に雇《やと》えなくなった時は、自《みず》からフルート奏者の役を引き受けたくらいである。彼の作曲も素晴らしい。たとえば彼の『ジンフォニアDドゥア』は、バッハ的な要素に、王者の品位と明朗さが加わっていて、興趣《きょうしゅ》の尽《つ》きない感じがある。事実、バッハ自身、大王の音楽的才能にはお世辞《せじ》ぬきで感嘆していた。

フリードリッヒ大王に見られるのは、けっして鬼神のような猛将像ではなく、戦争すらも洗練されていた時代の、最も優《すぐ》れた軍事ゲームの華麗なプレーヤーの姿である。

大元帥にして戦場の指揮官、同時に参謀総長

フリードリッヒ大王は国王にして大元帥《だいげんすい》、しかも戦場の指揮官であったが、同時に参謀総長でもあった。そして、その参謀職に当たるような部門が創設されたのは、大王の曾祖父、大選挙侯フリードリッヒ・ヴィルヘルムが即位した一六四〇年頃であるが、それは、当時の北ヨーロッパの模範軍と言われたスウェーデン軍を真似《まね》たものであった。

大選挙侯は、兵站《へいたん》幕僚（Quartiermeistersstab）の任務として、武器や設営、行軍路の管理、野営地の設定、要塞《ようさい》の設置などをやらせているが、これを仮に参謀本部と呼ぶならば、記録に残っている最初のプロイセン参謀長は、ゲルハルト・フォン・ベルクム中佐（Oberstleutnant

◀戦闘が忌避《きひ》された時代において、フリードリッヒ大王は、戦闘を怖《おそ》れぬ稀有《けう》の指揮官であった。七年戦争では十六回の戦闘をし、領土拡大に成功。全欧に名を轟《とどろ》かせた

▶フランスの啓蒙思想家・ヴォルテール（左）と語らうフリードリッヒ大王（右）。「哲人王」とも呼ばれた大王は、哲学・文学・音楽を愛する多才の人であった

Gerhard von Bellicum, od. Belkum）という技術将校である。

彼がその役にあった一六五七年頃のブランデンブルク＝プロイセン参謀本部には、補給・制服・武器・食糧・宿営の担当将校がいて、曹長《そうちょう》あるいは准尉《じゅんい》（General-wachtmeister）がその補佐に付く。そのほか二名の副官、一名の調達官（General-proviantmeister）、一名の軍法担当官（General-auditeur）、一名の車輌担当官（General-wagonmeister）、一名の憲兵官（General-gewaltiger）とその部下の憲兵が付く。そしてベルクム参謀長の下には副参謀長ヤーコプ・ホルステン中佐（Oberstleutnant Jacob Holsten）が付くが、彼も技術将校である。いずれも中佐級の人がやっている技術色の濃いものであって、のちの参謀総長のような高い地位ではない。むしろそれに近い仕事をやったのは、軍需部長（Feld-zeugmeister）であったフォン・シュパー男爵（Freiherr von Sparr）であったろう。彼は偉大な将軍でもあった。そして真の参謀総長は大選挙侯自身である。

その後、ベルクムのあとを継いだのはフィリッペ・ド・テーゼ（Philippe de Chiese, od. Chiesa）で、彼は一六七〇年から一六七三年までその任にあったが、軍人というよりは、ポツダムの城やベルリン造幣局を建てた建築技術将校として有名である。

そして一六九九年以降は、de Maistre, du Puy, Margace, de Brionというような明らかにフランス系の名前の人物がその地位にあるが、これは大選挙侯のあとを継いだフリードリッヒ一世のフランス好みと、大選挙侯時代にプロイセンに入植したユグノー教徒の子弟のプロイセン軍入隊とを示すものであろう。ユグノー教徒は元来、産業技術に優《すぐ》れた人たちであったので、技術将校を多く輩出したものと推定される。

そして兵站部《へいたんぶ》の幕僚《ばくりょう》は三段階ぐらいの階級に分かれていたが、いずれも恒久的な組織ではなかった。戦争が起こった時にはじめて兵站部、あるいは参謀本部が召集されるので、そのたびに新しく編成されるアド・ホックな組織（臨時組織）であった。

フリードリッヒ大王の場合も組織上は、だいたい同じである。兵站幕僚の数は、二十五名ぐらいだったという。

ただ大王の時代は、この下に多数の伝令員が付く。多正面作戦をやったり、分散行軍をやったフリードリッヒ大王にとっては、連絡というものがいままでになく重要なものになったのである。そのためさらに「旅団副官《ブリガーデ・アテユタント》」と称すべきポストが作られた。彼らはたえず動きまわりながら状況報告をしたり、有用なデータを集めたりして司令官を補佐するのが、その役目であった。仕事の性質上、彼らはフリードリッヒと個人的接触を持ちやすい立場にあった。それでフリードリッヒ自身、この種の将校を育成することに特別な個人的関心を示して、当時の貴族学校のトップの卒業生十二名を毎年、この旅団副官にするようにさせたのである。

この頃またもう一つの制度が発生してきた。それは「高級副官《ゲネラル・アテユタント》」制度の発達である。これは元来、将校たちの人事考査をする仕事をしていたのであるが、フリードリッヒ大王は彼らにだんだん「指令」に関する仕事をもさせるようになった。七年戦争のような戦場が多い戦争の場合、どうしても担当幅《はば》の広い自由裁量権を持つ軍団を方々《ほうぼう》で用いなければならなかったのであるが、その連絡には旅団副官では足りず、そのほかにフリードリッヒは、各軍団司令官に高級副官を付けることを欲したのである。これはいわば各軍団長に付けられた国王とのパイプ役である。これはその性質上、兵站部との仕事とが重なり合って競合することもあったようである。

フリードリッヒ大王を常勝者たらしめた〝陰の男〟

一七五八年以降、フリードリッヒ大王の戦争のやり方に顕著《けんちょ》な変化が見られる。その理由は、前年の一七五七年に「コーリンの戦い」で敗《やぶ》れたことによって、プロイセン軍は「第一次欧州大戦」におけるマルヌの敗戦と同じような攻勢挫折に陥《おちい》ったのである、というのが専門家の見方としてある。しかしそれだけでは説明のつかないこともある。「コーリンの敗戦」はフリードリッヒ大王の全兵力を挙げた戦闘でなかったし、それから五カ月も経たぬうちにロスバッハ、それから一カ月後にはロイテンという連続二会戦で歴史に残るような勝利さえも収めている。このめざましい勝利にイギリス首相ピットは深い感銘を受け、大陸の盟邦《めいほう》としてプロイセンを信ずるようになり、財政援助に踏み切ったほどであった。

ちなみに、この頃のイギリスの軍事状況は各方面において不振であった。この年に地中海ではミノルカ島を失い、北アメリカでは各戦場でフランス軍に敗れている。しかしフリードリッヒを援助することによって、フランス軍の欧州大陸における自由を束縛《そくばく》することに成功し、これがイギリスの世界戦略の成功にただちにつながることになったのである。

このようにフリードリッヒのコーリンの敗戦は、制限戦争にありがちな一つの局面での敗北にすぎず、それに続く勝利のほうが、味方のイギリスに対しても、また敵国であるフランスやオーストリアに対しても、深い印象を与えている、と言ってよい。したがって、コーリンの敗戦によってフリードリッヒが二度と攻勢に転じられなくなったというのは、少しおかしいのではなかろうか。七年戦争自体はフリードリッヒが、オーストリアのマリア・

テレジア (Maria Theresia.一七一七—八〇) に外交的に敗れたことによって起こった戦争と言ってよいが、イギリスからの財政援助を確保したことは外交上の失点の恢復《かいふく》ということでもあったので、「マルヌの戦い」における攻勢挫折とは同列に論じることは無理である、と思われる。

では、フリードリッヒ大王の戦術に転換をもたらしたのは何かと言えば、彼自身の心境の変化と幕僚の変化であったのではないかと思われるのである。

フリードリッヒは一七五九年にリュウマチスにかかって三週間ばかり病床にあったが、この時にスウェーデンのカール十二世(在位一六九七—一七一八)についての評論を書き、そのなかで制限戦争の本質を自覚的に解明していることが目につく。

そしてこの頃からフリードリッヒの幕僚として登場してきたのが、ハインリッヒ・ヴィルヘルム・フォン・アンハルト (Heinrich Wilhelm von Anhalt) である。彼はグスタフゾーンの名前でプロイセン軍に入り、兵站幕僚となり、フリードリッヒに気に入られ、一七六一年に貴族に列せられて、一七六五年から一七八一年までの長い間、大佐の位で先任高級副官と兵站部長を兼務していた。一七五八年以後は秘書の付く高級副官は彼一人であったから、フリードリッヒ晩年の作戦計画の中心的構想は、このアンハルトとの合作であると言ってよい。特に「第一次ポーランド分割」（一七七二）から「バイエルン王位継承戦争」（一七七八―七九）におけるアンハルトの用兵決定に果たした役割の大きさを考えると、フリードリッヒの参謀総長と言ってもおかしくないであろう。そして彼はフリードリッヒの制限戦争を理想的な形に仕上げ、フリードリッヒの晩年を「戦闘なき戦争」の常勝者たらしめたのである。

出自《しゅつじ》から言えば、アンハルトはヴィルヘルム・フォン・アンハルト・デッサウ公の庶子《しょし》であり、母は牧師の娘で当時有名な美人であった。彼自身はいつも不機嫌で感じが悪く、頑固《がんこ》で軍律《ぐんりつ》にうるさい人だった、と言われている。

このプロイセン最初の参謀総長とも言うべき人の特徴は、終始「無名」だったことである。彼の仕事は、文字どおり帷幄《いあく》のなかの人目のつかぬところで極秘裡《ごくひり》に行われ、その活動の意味を本当によく知っていた人は、フリードリッヒ大王自身ぐらいのものであったろう。もちろん一般人に彼の名前が知られることは皆無と言ってよく、軍のなかでさえ無名であった。当時の軍の英雄《ヒーロー》は何と言っても指揮官の将帥《しょうすい》だったのである。それでフリードリッヒ晩年時代の将軍の一人のフォン・サルデルンのごときは、軍の練《ね》ることの本質は練兵場での散開練習に尽《つ》きる、などと豪語していた。本当はその頃の作戦はアンハルトによって誰も知らないところで立てられていたのである。参謀の無名性《アノニミティ》――これがプロイセン参謀本部の最大の特徴の一つになることを、われわれはまもなく見るであろう。

ついでながらフリードリッヒ大王と戦っていたオーストリアのほうの組織に一言すれば、ハプスブルク家の国王（同時に皇帝）たちは、一般に軍事的な経験は持たず、国王が直接戦場の指揮に当たるということは、ほとんどなかった。これがプロイセンと根本的に異《こと》なるところである。そのため「宮廷戦争会議《クリークス・ホーフラート》」の制度があり、実戦の経験者の一団が国王を囲んで計画を立てるのであった。この一団の人たちが作戦計画に与《あずか》るわけであるから、これは今日の参謀本部の形に多少似ているとも言えよう。このような制度が、もとからあったればこそ、マリア・テレジアが七年戦争においてフリードリッヒを相手にして、あれほどの戦いを遂行《すいこう》しえたのである。

つまりプロイセンの参謀本部はあとでこそ有名になるけれども、フリードリッヒの頃までは国王自身が戦場の最高指揮官であるために、組織としての参謀本部らしきものの形式は、かえってオーストリアよりも遅れるのである。

フランス革命が無制限の戦争を復活させた

フリードリッヒ大王が一七八六年の夏、ポツダムの無憂宮《サンスーシ》において椅子《いす》によりかかり軍楽を聞きながら七十四歳の生涯を終えてからちょうど三年目の夏に、フランスではパリの民衆がバスティーユ監獄《かんごく》の襲撃をはじめ、フランス革命の幕は切って落とされた。これは当時におけるプロイセンとフランスの民衆の気分の相違をまことに鮮《あざ》やかに対照させるものである。

プロイセンでは民衆が戦いに飽《あ》いていた。何よりも平和を欲していた。国民的哲学者、老カントは『永遠の平和のために』(Zun ewigen Frieden, 1795) のなかで、戦争をすべての善《よ》きものの破壊者にして、すべての悪《あ》しきものの発動者として非難しているし、シラーやヘルダーも「世界公民《ヴエルト・ブユルガー》」の思想を讃《たた》えていた。好戦的気分は民衆の間にはなかったと言ってよい。

これに反してフランスの民衆は熱っぽくなっていた。彼らはイデオロギーを得《え》、大義を得、正義を手にしたのである。プロイセンの民衆が啓蒙の醒《さ》めた状態にあったのに対し、フランスの民衆は、三十年戦争当時の心情に戻っていた。自分は正義で相手は悪、したがって相手は徹底的に粉砕しなければならず、それについては何の良心の呵責《かしゃく》も感じないということになる。三十年戦争後に戦いは王侯のゲームになったのが、再び宗教戦争ばりの深刻な闘争になり、「自由」「平等」「博愛」のフランス大革命のおかげで、ヨーロッパの戦いから再び人道主義の理念が消えていったのはまことに皮肉である。そして新しく現れてきた宗教は、カトリックでもプロテスタントでもなく、国民主義とか愛国心という名のものであった。

もっとも革命が起こった当初は、まだフランスは——フランスに限らずどの欧州の国もそうだったのであるが——フリードリッヒのプロイセン陸軍が模範《もはん》軍と考えられていたのであり、革命二年後の一七九一年に出たフランス軍の「練兵規則」も、旧軍のそれとほとんど変わっていない。それどころか、革命軍の指揮官にはやはりフリードリッヒ大王の下で鍛《きた》えられた人がよいだろうということで、ブルンスウィック公（Herzog von Brunswick）とか、エルンスト・ハインリッヒ・フォン・シュリーフェン伯などが候補に上がったくらいである。そしてルイ十六世に仕《つか》えた多くの将軍は、革命の三色旗に忠義を尽くしたのであった。

▲逮捕された国王ルイ16世を護送する「国民衛兵《ガルド・ナシオナーレ》」。フランスにおける国民軍出現は世界史を変えた

▲ナポレオンは、師団編成の大規模軍を率《ひき》い、欧州を席捲《せっけん》した。それは戦争新時代の幕開けであった

しかし、ジャコバン党が権力を握るにおよんで情勢は一変した。それは多くの士官が、貴族階級出身であるというだけの理由で死刑にされたからである。それとともに兵舎、練兵場など、昔の厳しい軍律を憶《おも》い出させるようなものはすべて悪《あ》しき「旧体制《アンシヤン・レジーム》」の残滓《ざんし》として嫌われた。兵士の委員会が多くの連隊に結成され、その代表者会議が開かれる一方、水兵たちの叛乱《はんらん》も起こった。革命勃発《ぼっぱつ》と同時にブルジョワ中産階級を守るために作られたラ・ファイエットの「国民衛兵《ガルド・ナシオナール》」は、しだいに新しい国民軍に変容しはじめてきた。そして一七九二年になって近隣諸国が革命フランスに対して同盟を結成した時に、革命の指導者たちは、一般民衆の愛国心に直接訴《うった》え、二万人の義勇兵《ぎゆうへい》を募《つの》ることに決めたのである。直接民衆に呼びかけたということは、別の言い方をすれば、制限戦争時代ならば戦争に関係なかったような人たちを煽動《せんどう》して武器を取らせたということになる。つまりは三十年戦争のパターン、もっと遡《さかのぼ》れば「十字軍」のパターンに戻ったということであった。

これに先立つ一七八九年十二月十二日に、もと近衛《このえ》騎兵であったデュボア・クランス(Dubois Crancé. 一七四七―一八一四)は、すでに二十歳から二十五歳までの健康な男子よりなる「国民軍《アルメー・ナシオナール》」の創設案を提出していた。彼は革命軍と連合軍の最初の大会戦である「ヴァルミーの戦い」(一七九二年九月二十日)には、高級副官として兵員・軍需品の補給の総括的な問題に関係した。主として彼の努力によって、一七九三年二月二十二日、人民公会で三十万人募兵の法令が通過し、それから半年後の八月二十三日には「人民総徴兵法」が人民公会で通過し、十八歳から二十五歳までの青年壮丁《そうてい》で実に百万人が動員される国民皆兵《かいへい》の態勢に入ったのである。そして実際、翌一七九四年までにフランス革命政府は百万以上の軍隊を擁《よう》していた。

バレール（Bertrand Barère de Vieuzac. 一七五五―一八四一）は、一七九三年の革命議会に国民皆兵を要求した時、「自由のためのフランスの課税には、全市民、全産業、全労働、全才能が含まれる……ある者はこのために産業を、ある者はその財産を、ある者は忠告を、ある者はその腕を、そしてすべての者はその血管の血潮《ちしお》を捧《ささ》げなければならない」と言っているが、これほど明らかに制限戦争の終焉《しゅうえん》を告げた言葉はなかろう。

これはまったく空前の新事態と言うべきものであった。フリードリッヒ大王ですら、一時に動員できた最大兵力は十一万そこそこであり、たいていは五万前後であったのである。しかもそのためには何年もかけて準備しなければならなかった。ところがいまや革命政府は、百万を超える大軍の動員をたちまちのうちに完了してみせたのである。それはいままでの通念にないことであった。

安上がりで士気の高い国民軍の登場

そして、この徴兵制という打出《うちで》の小槌《こづち》を充分に使ったのがナポレオン・ボナパルト(Napoléon Bonaparte. 一七六九―一八二一)である。彼は一八〇〇年から一八一三年までの十四年間に実に二百六十一万三千人を徴兵しているが、この兵隊の「量」に限界がないということが、まず第一に革命的なことであった。

まず第一に、この大量の軍隊はまことに安上がりであった。革命以前のフランス国王を悩ませ、赤字の大原因の一つとなったのは傭兵を訓練し、保持し、その賃金を支払う金であった。いまやフランスは、その負担について心配することはない。兵隊はいくらでも集めることができるのである。したがって兵隊の使い方も荒っぽくてよい。脱走兵の心配はほとんどなくなった。ヨーロッパを股《また》にかけた傭兵なら待遇が悪ければ、また無理な戦闘を強《し》いられればすぐ脱走するけれども、強制的に集められた農民や市民は脱走したくたって行き場はないのだ。そのうえ、彼らは崇高《すうこう》な革命と愛国の大義に酔《よ》っていたのである。情熱を持った兵士だったのである。

革命軍の指揮官は――ナポレオンがその典型であるが――兵隊の脱走を考えなくてもよくなったので、補給のこともあまり考えなくても済《す》むようになった。ナポレオンがアルプスを越える時に、部下を励《はげ》まして、「眼下《がんか》にはロンバルジアの豊かな平原が待っているぞ」と叫んだという話が伝えられているが、食糧を敵地から簡単に徴発するという思想は、よかれ悪《あ》しかれ新しいことであった。このため行軍の速度にブレーキをかけていた糧秣《りょうまつ》運輸とか、荷物運搬とか、貯蔵庫の配置ということがあまり問題でなくなった。「野営」が可能になったのである。したがって制限戦争時代には分速八十歩だったのが、ナポレオン軍の急行軍の場合には百二十歩までに高まった。そして同じく脱走兵の心配がないところから徹底的な追撃戦も可能になり、戦いはもはや単に勝敗を決めるチェッカー・ゲームでなく、敵を撃滅、あるいは包囲殲滅《せんめつ》する苛烈《かれつ》なものに一変した。

それに革命軍には将兵の連帯感があった。ナポレオンの将軍たちの多くが兵士の出身だったのはその一例である。旧軍隊では、将校は貴族でチェス・プレーヤー、兵隊は一般社会から「はみ出た連中《ドロップ・アウト》」で、いわばチェスの駒《こま》であった。その差は本質的であった。しかも将校は貴族の名誉職みたいなものであるから、なり手が多くて猟官《りょうかん》運動もあり、つねに将校が余っていたので、順番で戦場に出るというようなこともあった。いまやそれは一変して、将校も兵士も同じフランス人同士であり、有能であれば立身出世も可能であった。その連帯感があるため、たとえある戦場で敗北してもすぐ恢復《かいふく》した。旧軍ならば完全に潰《かい》滅《めつ》するような打撃を受けても、まもなく立ち直るので、連合軍を指揮したホーエンローエ公は「あの連中には勝てない」と言って匙《さじ》を投げたと言われる。もはや制限戦争のゲームのルールは通用しない。詰《つ》めても詰まない将棋になってしまったのである。

そしてこのフランス革命と同じ頃にイギリスを中心として産業革命がはじまり、人口爆発の時代に入ったことも、その後の戦争を考えるうえでの重要な要因となった。

それまでのフランスの学校教育は、人文科学《リベラル・アーツ》が中心で、古典文献学や思弁《しべん》的哲学や神学が主として教えられ研究されていた。これに対して多分に唯物論《ゆいぶつろん》的で、啓蒙的で、そしてメカニカル・アーツに関心の深かった革命政府は、一七九四年にまず「土木事業大学校」(École des Travaux Publics) を建てたが、翌年にはそれを編成変えして「理工科大学校《エコール・ポリテクニック》」(École Polytechnique) とし、ここで自然科学と工学、特に軍事科学を研究せしめ、火器や築城技術の改良を図《はか》ったのである。そしてこの学校は、一八〇二年にナポレオンが作った士官学校と並んで、フランス軍の質を支える二本の柱となった。この大学校は、今日なおフランスの最強力の学閥を形成して、Xマフィアという綽名《あだな》さえある(校章が砲身をXに交わらせたものであり、その卒業生が団結して助け合うところからこう言われる）。事実、ナポレオンの戦争は、いま述べたさまざまな要素を土台にしてのみはじめて出現しえたものであった。

なぜ、ナポレオンの軍隊は強かったのか

ナポレオンの軍隊の特徴は、フランス革命のもたらした軍事上の変化を徹底的に利用したことにある。兵士の愛国心、散兵線の利用、行軍速度、火砲の集中的利用などがそれであるが、特に重要なのは徴兵された無制限に大量の軍隊を「師団《しだん》」編成にしたことである。ある程度以上の大量の軍隊は「単位《モジュール》」に分割しなければ動かすことができない。ルイ十四世時代のフランスの名将モーリス・ド・サックスは野戦軍の人数は、四万五千以下であるべきで、それ以上の兵士は指揮官の邪魔になるばかりだ、と言い切っているぐらいである。

もちろんサックスの軍は、待遇に気を使わなければならない傭兵であったということもあるが、しかし原理は同じことで、一団として動ける軍の数というのには制限が出てこなければならない。それで革命フランス軍は大軍を分割して用いたのである。

「師団」というフランス語は、division《デヴィジオーン》であるが、これは「分割」というのが原義である。ナポレオンの強みは、この師団による用兵術を最初にマスターした人間であるということであった。すなわち、作戦にも「管理の範囲《スパン・オブ・コントロール》」があることを心得ていたのである。

師団編成というのは、まことに戦略革命であった。軍団はいまや分離可能な部分から成り立つことになったのであり、その各部分はあらゆる種類の兵科をその内に持っていて、独自でも戦闘が可能となる、一つのシステムである。したがって、大規模な包囲作戦にも、また、逆に包囲されることを防ぐのにも用いられるし、別々の道を並行に進軍して、会戦直前に収斂《しゅうれん》することもできるのである。

ナポレオンはこの師団を戦場で使う場合には、「混合隊形」(ordre mixte)と呼ばれる戦術隊形を用いた。これは縦隊と横隊の併用である。連隊の三大隊が百人の幅《はば》に銃を構えて、縦に重なって進む。各大隊は九列の深さを持つ。すると全体で二十七列の深さが基準ということになる。「制限戦争」時代は散開して並ぶので、三列の深さが基準であった。これから見ると、ナポレオン軍のマトリックス型の隊形は、敵のラインを突破する形になっていることがわかるであろう。そしてここに火砲の全力を集中するのである。また、この隊形で前進する時は、狙撃散兵隊《そげきさんぺいたい》がその部隊の前に進んでいて、白兵戦《はくへいせん》がはじまるまで銃撃で本隊の前進を防禦《ぼうぎょ》することになっていた。

国民皆兵《かいへい》の思想は、スイスの民兵《みんぺい》組織を知っていたジャン・ジャック・ルソー（一七一二―七八）がすでに主張していたところであるし、それと同じ思想をルイ十六世時代の将軍にして軍事思想家であったギベール伯（Comte de Guibert 一七四三―九〇）はもっと詳しく科学的に述べていた。彼は傭兵の廃止、糧秣補給の簡易化の必要などを説き、「混合隊形」による戦術を提唱していたのである。

彼はナポレオンの郷里の「コルシカ征討《せいとう》」（一七六七）には中佐で従軍しているが、彼の軍事思想、戦術思想を、そっくり実現したのがこのコルシカ島出身のナポレオンだったのは偶然の巡《めぐ》り合《あ》わせである。

それで軍事史家のなかにはナポレオンは軍事の「革新者」（innovator）でなく、「拝借者《はいしゃくしゃ》」（borrower）だなどと言う人もいるくらいである。ナポレオンは、革命以前にすでに胚胎《はいたい》していた近代戦争論を革命という政治体制の変化にいちはやく即応して実現した、ということになろう。そして、ナポレオンがリーダーとして手本と仰《あお》いだのは、つねにフリードリッヒ大王であって、彼の部屋にはその像がたえず掲《かか》げられていたという。

天才的リーダーゆえの落とし穴

しかしナポレオンの成功の原因は、そのまま敗因につながる危険性のあるものであった。師団制度は、独立単位で動く各師団を最高指揮官に結びつけるため、厖大《ぼうだい》なスタッフの仕事をこなすべきテクノストラクチュアを要するはずのものであった。命令は正しく伝達され、正しく解釈され、正しく実行されなければならないが、そうするには訓練されたスタッフが必要である。陸軍大臣役のカルノ（L. N. M. Carnot 一七五三―一八二三）の役所が、一時そのスタッフを養成する場のようになっていた。元来カルノの仕事は、兵員と軍需物資の補給と増強であったのだが、教育の仕事もいくらか付け加わってきたのである。しかしもちろんそれは充分なものではなかった。

それにナポレオンは自分を天才《ジエニー》だと信じていたから、彼はすべての情報を一手に握り、作戦を相談する参謀も持たず、自分が直接に命令を下《くだ》した。スタッフと言っても命令文書を技術的に処理する技術的な将校にすぎないのであった。

なるほどナポレオンは、天才にはちがいない。特に記憶力のよいことは伝説的であって、部下の中隊長の名前までいちいち覚えていたとか、イギリス侵攻を計画していた頃、フランス北海岸とベルギーの兵器糧食配置状況に関する長い報告のなかで、大砲の数が二門違うことまで指摘できたとか、さまざまな逸話《いつわ》が残されている。

もちろんエピソードだから誇張はあろうが、並はずれの頭脳であったことには間違いない。それが彼をスタッフ軽視に向かわせたのである。それに彼の私淑《ししゅく》したフリードリッヒ大王にスタッフらしいスタッフがいなかったことも、その一つの理由かもしれない。フリードリッヒ大王のスタッフらしいスタッフは「無名性」のゆえに外部には知られていなかったし、またフリードリッヒ大王の時代の軍の規模は、フランス革命以後の軍に比べて問題にならないほど小さかったということを、ナポレオンはそれほど実感していたとは思えないのである。それにギベールのような、時代を先取りした軍事思想家も、スタッフの重要性は強調してくれていなかった。

ナポレオン軍の強さはナポレオンのリーダーシップに拠《よ》っていた。したがって、ナポレオンが留守している戦場、たとえばスペイン半島あたりではウェリントン（Duke Wellington. 一七六九―一八五二）の小軍勢に連敗していたのである。そしてナポレオン自《みずか》らが出馬してようやく勝つという具合であったのだ。それだからナポレオンの限界は、ただちにフランス軍の限界になるのである。

たとえばナポレオンがモスクワに進撃した時は五十万人を動員したという。五十万の軍の動員は、徴兵制度のおかげですぐにでも可能であったにせよ、これを未知の広大な戦場に率いていくには、長期にわたる徹底的なスタッフ・ワークが必要であったろう。道路や補給の状態、食糧の現地調達の可能性、師団の分散行軍と相互の連絡のための詳細な地図、気候状況など、すべて大変なスタッフ・ワークである。しかし、ナポレオンにはそのためのスタッフはいなかった。そしてやや大型の会戦をやるぐらいの準備で軍馬を進めたのである。ナポレオンの敗戦は何もモスクワではじまったのではなかった。たとえば、次の数字を見てもらいたい。

「大規模」という魔性《ましょう》

一八一二年の春にナポレオンの使用しうる兵力は五十五万ぐらいであった。そしてモスクワ遠征のため六月上旬にダンツィッヒを出発した時は約四十五万の兵力である。それが二カ月後の八月上旬にスモレンスクに到着した時は十三万に激減している。九月上旬、ボロジノで戦った時は十二万に減り、九月中旬にモスクワに入った時は十一万であった。出発してから三カ月あまりの間に四分の一以下になっていたのである。もちろん減った三十数万人が戦死したわけはなく、大部分は逃亡兵になったのであった。そして、モスクワから逃げ帰ってきたフランス軍のうち武装していたものはたった一千人だった、と言われている。

この大遠征において従来と異《こと》なっていた点がいくつかあるが、それはいずれも「あまりにも大軍すぎた」というところから生じている。ナポレオンはいつもは自ら必要地点に出かけていって直接指揮をしたものであったが、もちろん五十万人を使う戦闘にはそれが不可能であった。それにそれだけ大きな軍隊を構成するには、各単位の軍団を指揮する人も多く必要である。ナポレオンは元来、そういう時には「実績主義《メリットクラシー》」で抜擢《ばってき》した将軍を配置したのであるが、このたびは実力も実績もない弟などを軍団長に任命している。つまり人事考査が恣意《しい》的になったのである。ナポレオンの頭脳をもってしても、五十万人の兵を動かす将軍たちを一人で考え出すことは、難《むずか》しかったのかもしれない。そうなれば縁故《コネ》が人事の基準になる。

ナポレオンは敗れてパリに帰ると、翌日にすぐ大臣高官を召集して徴兵令を改正し、またたく間に六十万の大軍を編成してみせた。そしてそのうちの五十万を引き連れて再びドイツに侵攻し、一時は局地的な勝利もあったが、結局は敗れて、五月に五十万いた軍隊は十月中旬には十万以下に減じている。

この場合でも敗因は似ているように思われる。五十万を徴兵することは比較的やさしいが、その五十万を使うことは難しいのである。さすがのナポレオンでも五十万の兵を使うのは手に余ったと言うべきか、それとも自信を失ったと言うべきか、この半年の戦いの間に、しばしば重臣の意見を聞き、それを採用したためにかえって重大なチャンスを失ったりしている。五十万の兵を扱うスタッフ・ワークが、急に開かれた会議から出てくるわけはないと言うべきであろう。

つまりは、ナポレオンの強さはフリードリッヒ大王の強さと同質のものであった。それは優《すぐ》れたリーダーシップによる強さであり、優れたリーダーが戦場を直接に掌握《しょうあく》している範囲での強さである。その範囲を超えた時に、忽然《こつぜん》としてナポレオンの限界が現れてきたのであるが、この「大規模」という魔性《ましょう》が軍隊に入りこんできたことを、この天才的なワンマン・リーダーはまだ気づいていなかったのである。いな、彼のみならず、ヨーロッパのどの指揮官も気づいていなかったのである。ただ一人、ナポレオンにさんざんに打ち破られ、ついには戦病死したプロイセン陸軍のシャルンホルストを除いては。

第2章

かくて「頭脳集団」は誕生した

——ナポレオンを挫折させたプロイセン参謀本部の実力

プロイセン軍の動脈硬化

フリードリッヒ大王が残した輝《かがや》かしいプロイセンの武名と、国全体にみなぎる活潑《かつぱつ》な知的生活と二十三年間の平和を相続したのは、その甥《おい》のフリードリッヒ・ヴィルヘルム二世（在位一七八六―九七）であった。フリードリッヒ大王は、最初から皇后との仲が冷たく、子どもを残さずに死んだからである。フリードリッヒ・ヴィルヘルム二世がその伯父《おじ》から受け継いだのは、フランス好みぐらいのところで、懶惰《らんだ》にして官能的な生活に耽《ふけ》り、宮殿を愛妾《あいしょう》の群で満たした。そしてフリードリッヒ・ヴィルヘルム一世とフリードリッヒ大王の二代七十年間にわたって獲得した領土の半分を、自分の寵姫《ちょうき》や寵臣に与える始末であった。

このような君主のもとで軍規が保たれるわけはない。かくて一七九二年二月にオーストリアと同盟したプロイセン軍がフランス革命軍とヴァルミーで会戦した時、全ヨーロッパの人が驚くようなことが起こった。それは何とあのフリードリッヒ大王のプロイセン軍が戦おうとしなかったのである。

大王がもう少し長生きしていたら亡国の嘆《たん》を見たことであろう。しかし、彼にとって幸運なことは、ナポレオンが大舞台に登場する前に死んでいたことである。それどころか、一七九三年の「ポーランド第二次分割」によって、彼はダンツィッヒとトールンを得《え》、南プロイセン州（のちのポーゼン）を作り、さらに一七九五年の「第三次ポーランド分割」によってワイクセル川左岸の地域と、シュレージェン国境沿いにクラカウ、ワルシャワまでの土地を得た。しかしこの新領土は、旧領とよく融《と》け込む暇《ひま》もなく、彼の死後まもなく旧領もろともナポレオンに蹂躙《じゅうりん》されることになるのである。

このフリードリッヒ・ヴィルヘルム二世の時代に、フリードリッヒ大王によって築かれたプロイセンの軍制は動脈硬化の症状を呈《てい》し、ますます官僚的になっていた。プロイセンの軍隊は、フリードリッヒ大王のような天才的リーダーの下でこそ、よく動くようになっていたのであって、国の規模ばかり大きくなったうえに、国王が遊蕩《ゆうとう》な生活を送っているところでは、軍の動脈硬化もやむをえぬ事の成行《なりゆ》きというべきであったろう。

「最高戦争会議」の創設

しかしフランス革命二年前の一七八七年になると、さすがにこれではいけないということとになって、「最高戦争会議」(Ober-Kriegs-Kollegium)が作られ、これが軍事に関する最高権力の存在場所とされた。

この会議の指導者は、ブルンスウィック公(Karl Wilhelm Ferdinand Brunswick)とフォン・メレンドルフ(Wichard Joachim von Möllendorf)の二人の元帥であり、三つの部門に分かれていた。第一部門は動員・糧秣・軍務一般を担当し、第二部門は被服・装備を担当し、第三部門は負傷兵の問題を扱った。そして少なくとも建前としては高級副官部や兵站《へいたん》部の仕事をもその下に包摂《ほうせつ》することになっていた。この高級副官部は歩兵に関する高級副官の仕事ということになっていて、士官の人事考査、要塞《ようさい》、武器、軍規に関するすべての問題を扱っていた。

またこの頃の兵站幕僚の数は二十名ないし二十四名ぐらいであったが、はじめてそれ独自の制服が定められた。歩兵の兵站幕僚の制服は浅い紺色の上着に赤い襟章《えりしよう》と袖章《そでしよう》、濃い黄色のチョッキとズボンであり、それが騎兵の場合は上着が白色であった。

その後、一七九六年、兵站部には単に要塞軍や野戦軍に通常の補給をする仕事のほかに、軍用地図をも準備するといった仕事が付け加えられた。これはのちの参謀本部の最も重要な仕事の一つとなるものである。したがって、兵站部の幕僚には、十三名の地図作成技師が付けられ、その事務所はポツダムの王宮内に置かれた。

おもしろいのは、この地図作成技師が、主として中産階級の出身であったことである。

当時のユンカーにとっては、色鉛筆や定規を使う仕事は自分たちの品位を下げるとでも思っていたのであろう。ちなみに当時の軍人社会は、技術一般を一段低く見る風潮が強かった。プロイセン参謀本部の父と言われたシャルンホルストは元来、小作農の出身であり、軍人としての経歴をハノーヴァー家の砲兵将校からはじめたのである。大砲は技術の仕事であり、一段低く見られていたので、そこには入りこむ余地があったのである。そして軍事における火器や技術一般の比重が高まるにつれ、中産階級出身の将校も増加してきたのであった。

つまり、技術軽視ということが、逆に言えば軍部内における身分差の解消に役立つことになったとも言える。

さて、高級副官部と兵站部は右に見たように仕事に共通点があるところから、部員の入れ替わりということもあり、歩兵第一副官が兵站部長になるということもあった。しかし全体としては両部門は競争関係にあり、時が経《た》つにつれて、高級副官部の優位がはっきりしてきた。兵站部はあくまでも技術的処理の域を出なかったのに、高級副官部は軍事の枢《すう》機《き》に関係するところから、ついには、建前では上位にあるはずの最高戦争会議をも凌《しの》ぐ実力を持つに至ったのである。

言ってみれば、高級副官部はプロイセン王の意志を動かす能力を持つ軍事内局であり、国王への上奏《じょうそう》内容は非公開であるうえに、責任の所在の明確でないところから危険な面も少なくなく、プロイセン軍の「帝国内帝国《インペリウム・イン・インペリオ》」として批判的な人もあった。プロイセンの内政改革者フォン・シュタイン（Reichsfreiherr von Stein. 一七五七―一八三一）もその一人である。しかし何はともあれ、当時の高級副官部が、のちの参謀本部に最も近い機能を持った組織であったことは疑いない。

どん底に落とされたプロイセン

フリードリッヒ・ヴィルヘルム二世が、フランス革命が勃発《ぼっぱつ》したのを見《み》、ルイ十六世の死刑を見、伯父の大王の軍隊が革命軍とろくに戦おうとしなくなっているのを見ながらも、何ら抜本的《ばっぽんてき》な対応策をも考えることなく歿《ぼっ》したあとに、プロイセンの王位に就いたのは、フリードリッヒ・ヴィルヘルム三世（在位一七九七―一八四〇）であった。

彼は父同様、性格が弱く、才能にも乏《とぼ》しかったけれども、生活態度は真面目でかつ質素であり、品行もけっして悪くなかった。そして根本政策においては父のそれに従い、武装中立をもってナポレオンの嵐を乗り切ろうとしたのである。彼は近隣の諸国がナポレオンに侵略されるのを見ても別に騒がず、むしろナポレオンをなだめることができると思っていたらしい。むしろ彼の妻で、当時欧州きっての才色兼備の女性と言われたルイーゼ皇后のほうが主戦論者であった。

しかし情勢は、プロイセンの中立を許さず、気がついてみたら、どうしてもナポレオン軍と戦わねばならぬことになっていた。フリードリッヒ大王のプロイセンは、外交に失敗して単独で戦わなければならなかったのだが、フリードリッヒ三世も同じく単独でナポレオンに向かわなければならない破目《はめ》に陥《おちい》ったのである。しかもフリードリッヒ大王のようなリーダーもなしに。

一八〇六年、プロイセン軍は、ブルンスウィック公軍七万を中軍とし、ホーエンローエ公軍五万を左軍、リュッヘル軍一万五千を右軍にし、フランス軍を迎え撃つことになった。ブルンスウィック公がその総司令官であり、国王自身も出馬した。この時の将軍たちは、いずれもフリードリッヒ大王の晩年の戦争における青年将校であったが、すでに老境にあり、それだけに自恃《じじ》の念は高くとも、新しい戦争に対する準備は不充分であった。

　最も致命的だったのは、国王と三人の将軍の間に中心となる人物がなく、作戦計画は合議による折衷案《せっちゅうあん》になってしまったことである。そのためしばしば戦機を逸《いっ》してイエナの会戦（一八〇六年十月十四日）では、死傷者、投降者を含めて二万数千の軍を失ったが、フランス軍の死傷者は四千にとどまった。若い時にはフリードリッヒ大王の小姓を務め、のちに数々の戦闘で手柄をたてたメレンドルフ元帥もこの戦ではフランス軍の捕虜になっている。

　これと同じ日、それより北のアウエルシュタットでもプロイセン軍とフランス軍の遭遇戦があったが、フランス軍は兵力の少なさを士気が補《おぎな》ってよく勝ち、プロイセン軍の総帥ブルンスウィック公も重傷を負った。

　プロイセン王は、この敗戦後にナポレオンに休戦を申し入れたが、冷たく拒絶された。ナポレオンの言い分はこうであった。

「いま、私の得た戦勝の利はあまりにも大きく、ベルリンまでの追撃を見合わせるのはもったいない。平和の話はどっちみちベルリンで容易に決しうるであろう」

　もはや制限戦争ではないのである。ナポレオンは徹底的な追撃戦に入る。そして十月二十五日には主力を引き連れてベルリンに入った。この時の戦闘では、フランス軍の騎兵は八百キロ、歩兵は六百キロもの大追撃を行ったのであり、一日の進撃速度は二十四キロから三十二キロぐらいの平均になる。プロイセン敗残軍はいたるところで降伏し、諸要塞もほとんど抵抗らしい抵抗もせずに白旗を掲《かか》げた。

かくてフリードリッヒ大王以来のプロイセンは、動員以来わずか数週間の間に、ほとんど国家としての存立を失ったのである。国王ははるか東プロイセンのケーニッヒスベルク要塞に落ちのび、そこから再びナポレオンに和を乞《こ》うたが、その条件があまりに厳しいため、はじめて徹底抗戦を覚悟するに至ったのであった。

それで翌一八〇七年のナポレオンとロシア皇帝の間に行われた平和会議には、プロイセン王は除外されるほど軽く見られたのである。そして、同年締結された「ティルジット平和条約」(Peace of Tilsit) においては、プロイセンはその国土の半分を取り上げられ、償金一億三千四百万フランを出させられ、しかも兵力は四万二千に制限され、さらに償金を全部払うまで、フランス軍の駐留を許すというような屈辱的な条件を一方的に押しつけられたのであった。

しかし、このどん底から新生の光が輝き出すのである。

プロイセン参謀本部の父・シャルンホルストの登場

一八〇一年、フリードリッヒ・ヴィルヘルム三世のプロイセン陸軍に一通の採用願が提出された。それだけなら何も珍《めずら》しいことはないのだが、それには三つの要求がつけられていた。

第一の要求は、中佐待遇にしてもらいたいということであり、第二の要求は、貴族に列してもらいたいということであり、第三の要求は、プロイセン陸軍の改革を実行させてもらいたいということであった。そしてその採用願には、軍事に関する三つの論文が添《そ》えられてあり、その採用願の署名には、ハノーヴァー軍陸軍少佐ゲルハルト・ヨハン・シャルンホルスト（Gerhard Johann von Scharnhorst. 一七五五—一八一三）とあった。この一風変《いっぷう》わった採用願が採《と》りあげられたということは、ナポレオンの脅威を前にしてプロイセン軍が有能な将校を集めるのに熱心であり、自国の軍事改革の必要性を感じていたことを示すものである。この少佐の履歴はすでにプロイセン軍の首脳に知られるほど有名なものであった。

◀どん底のプロイセンを軍事改革によって救った参謀本部の父・シャルンホルスト

▼対仏強硬派のルイーゼ皇后は、ティルジットに赴《おもむ》き、ナポレオンに直談《じかだん》判《ぱん》。だが、国家存立の危機からプロイセンを救うことはできなかった

シャルンホルストは、ハノーヴァー近郊のボルデンアウの小作人の子として生まれ、はじめハノーヴァー軍に入った。叔父《おじ》はハノーヴァー選挙侯のテーブルに魚を運ぶ仕事をし、妻の兄弟は粉屋である。母の叔父は、選挙侯の食品を納める仕事をしていた。シャルンホルストは砲兵科に属し、その兵科が技術系統であったので進級し、二十八歳の時に士官になった。しかし彼の風丰《ふうぼう》は、プロイセンのユンカー出身の将校に特徴的な鼻筋が通った貴族的なものではなく、どちらかと言えば団子鼻であり、口のあたりには皮肉な笑いみたいなものが見えた。それにユンカー出身将校の態度、物腰に見られる一種独特な、軍人的硬さ——ドイツ語でstramm《シュトラム》と言う——もなかった。また分列行進の時の恰好《かっこう》もよくなく、号令も下手で、兵卒を喜ばせたり、奮《ふる》い立たせたりするような当時の名指揮官に時々見られた雄弁《エロクエンス》にも欠けていた。つまり出自から見ても外見から見ても、プロイセン将校としては落第のはずであった。

それなのに法外な条件まで呑《の》んでプロイセン軍が彼を採用したのは、なぜであったか。それは一《いっ》にかかって彼の知力にあったと言わなければならない。

事実、シャルンホルストはポルトガル陸軍を再編成し、国民総徴兵論者であったシャウムブルク＝リッペ伯爵（Graf von Schaumburg-Lippe）の軍で訓育され、フランス革命が起こるやイギリスのヨーク公の軍に従ってベルギーで戦い、赫々《かくかく》たる武勲を上げた。またメニン要塞の司令官フォン・ハンマーシュタイン将軍の幕僚長として、守備軍の要塞脱出を成功させた（このことは彼自身の著書『メニン市の防衛』、ハノーヴァー、一八〇三年に詳しい）。この功績によって、ハノーヴァー軍総司令官ウォルモーデン伯爵（Graf von Wallmoden）の幕僚長となり、『将校用応用軍事科学』を編纂《へんさん》し、また『戦場用軍事ノート』（一七九二年）をも出版した。そのほか一番有名な論文としては『革命戦争におけるフランス軍の勝利の原因について』がある。彼が優《すぐ》れたペンの人であったことは、当時有名な軍事雑誌の編集者であったことからもわかる。プロイセン軍は、フランス軍についての戦場体験が豊富で、その対策も考えうる「知」の人としてのシャルンホルストの価値を認め、破格の待遇をもって迎えたのである。

改革の眼目は教育にあり

シャルンホルストが入った時のプロイセン陸軍は、国王フリードリッヒ・ヴィルヘルム三世の性格をよく反映していた。先代の時のような派手《はで》な贅沢《ぜいたく》さはなくなり、改革の意図はあるのだが、まだ大王以来、手ひどい敗北をしたことがないという伝統によりかかって、自己満足的な保守主義から抜け切れないのである。ナポレオンは、すでに南ドイツ、西ドイツ、ベルギー、スイスを手中に収めていたのに、ポーランド分割で腹を肥《こ》やしたプロイセンは、ひたすら中立的態度を保とうとしていたのだった。

軍の内部は血縁や婚姻で結ばれたユンカー貴族がすべての主要ポストを握っていた。彼らは、元来豊かでないので、軍職から得る報酬《ほうしゅう》が重要だったのである。すべての将官、すべての連隊長は貴族であり、たった一つの例外は技術を要する砲兵隊だけで、ここでは時々、平民出身の中佐が出た。要塞砲関係に三人もの平民出身将校がいるのが大いに目立つ、といった具合である。練兵法は旧態依然で、ある意味ではフリードリッヒ大王の頃より悪くなっており、時々、集団脱走兵が生じていた。

プロイセン軍の欠点は、そのようなものであったが、シャルンホルスト入隊の条件については約束をよく守ってくれた。すなわち、シャルンホルストは、ただちに貴族に列せられ、軍隊改革の仕事を与えられたのである。

彼は、兵站幕僚として、軍の諸学校の監督者となり、さらに一八〇一年には陸軍の部内改革を目標とする「陸軍会」(Militärische Gesellschaft) を結成した。この会長はフォン・

リュッヘル中将（von Rüchel）で、その高級副官は、フォン・デム・クネーゼベック少佐（von dem Knesebeck）であった。ここでシャルンホルストは、全国的に地域的な「市民軍《ミリティア》」を作り、それを足場として「国民軍《フォルクス・アルメー》」建設の構想をまとめるのである。そしてこの陸軍会に入会した中尉や大尉クラスの青年将校のなかにはクラウゼヴィッツ、グロルマン、リリエンシュテルン、ボイエンなど、その後のプロイセン陸軍の中枢になる人物たちがいた。そして注目すべきことには、彼らはすべてユンカー貴族出身ではなかった。もちろんプロイセン軍の内部には、フランスの「暴民軍《モッブ・アルメー》」のためにフリードリッヒ大王以来の陸軍の組織を再検討する必要などはないという意見もあった。しかし、ナポレオン戦争を分析したシャルンホルストの知性にとって、国民皆兵《かいへい》制度、新型の白兵戦、師団方式の軍編成、軍全体にわたる参謀制度の必要なことは、いかなる反対に出合っても曇《くも》ることなき明白な認識であった。彼は改良主義的であり、けっして革命的でない点、内政担当のシュタイン国家男爵と同じであったが、徴兵制度を導入するためには、農奴《のうど》の解放が先決であるという、軍の制度と国の制度との相関関係はよく理解していたのである。

シャルンホルストが士官学校（Militärakademie——陸軍大学と訳しうる面もある）の校長として感化力が大きかったのは、道徳感情が鋭敏で、形ばかりでない本物のキリスト教信者であったからである。

逆説めくけれども、彼は戦争を怖《おそ》れていた。戦争の悲惨な面をよく知っていたからである。戦争が政治の手段として用いられるのは、絶体絶命の時に限り、しかもいやいやながら用いる時にのみ許されるという戦争の倫理を確信を持って教えこんだのである。彼の教え子のなかからは、プロイセンに反感を持つ人や、戦争に反感を持つ人ですらも、尊敬せざるをえないような人物が多く出たが、それは彼の薫陶《くんとう》に負《お》うところが大きかったと言わねばならない。

シャルンホルストがプロイセン参謀本部の形成に貢献した第一の点は、まさにこの教育であった。フリードリッヒ大王の時代の戦争ならリーダー次第でどうにでもなる。国民徴兵に基《もと》づく大量軍の時代は、ナポレオンのような天才でなければ、だめである。天才はいつでも出るとは限らないし、また天才ですら必ずしも充分でない事態になっているのだ。新しい事態は新しい教育で対応しなければならない。シャルンホルストの眼目《がんもく》はまずそこにあった。

マッセンバッハ・プラン

兵站幕僚としてシャルンホルストの同僚であり、かつ陸軍会の活潑なメンバーであった人にフォン・マッセンバッハ中佐（Freiherr Christian von und zu Massenbach）がいた。彼は名前が示すようにヴュルテンベルクの男爵家の出身であったが、シャルンホルストと同じく風采《ふうさい》はすこぶる上がらなかった。ずんぐりした禿《は》げ頭の男で、大きな目玉を落着《おちつ》きなくギョロつかせていた。そのよく動く目が示すように、彼の精神は休まずに動き、情緒も不安定なところがあり、腹を立てやすく、何かにつけてマナーがよくなかった。同時に彼は大の野心家であり、ナポレオンの崇拝者でもあった。そして頭のよさはシャルンホルストを凌《しの》ぐものがあったと思われる。

このマッセンバッハが陸軍会が作られた翌年、つまり一八〇二年に、統合的な参謀本部案を書き上げたのである。その内容から見て、これがのちのプロイセン参謀本部の組織の骨格となったと言ってもよいであろう。

その第一のポイントは、常備参謀本部設置に関する提案である。いままでのものは戦争の都度《つど》に臨時に編成されるアド・ホックな暫定組織であった。マッセンバッハは、平時においても軍事全般にわたる計画立案センターの必要を認めたのである。彼はプロイセンの置かれた地理的立場を考慮して三つの戦場、つまり対墺戦（墺＝オーストリア）、対露戦、対仏戦を想定し、参謀部をもこの三分野の担当班から成るものとしたのである。そして各班はすでに平時のうちに、あらゆる戦闘の可能性に備えて作戦計画を立てておくというのであった。これはのちにモルトケに受け継がれることになる。ただし彼はフランス崇拝熱に冒《おか》されて、対仏戦の可能性は認めていない。

第二のポイントは、参謀将校の教育プランの必須《ひっす》項目として平時における「旅行」（Reisen）というのがある。これは軍隊を動かす可能性のある土地を平時のうちに旅行させておいて地理を頭のなかに叩《たた》きこませておくためであった。そしてこの偵察旅行計画は国内に限らず、外国にも及《およ》ぼすというのであった。

第三のポイントは、参謀将校と隊付将校を定期的に交替させるというのである。今日の言葉で言えば、ラインとスタッフの交替《ローテーション》であるが、その趣旨は説明を要しまい。

第四のポイントは、幕僚長の「帷幄上奏権《いあくじょうそうけん》」（Immediatvortrag）である。これは将来の参謀総長は、途中に何の介入者もなく、しかも好きな時にいつでも国王に拝謁《はいえつ》して意見を述べることができるようにしようというのである。この制度が実現すれば、参謀本部の国王の状況判断に及ぼす影響力はほとんど無制限になるので、しばしば提案されたがそのたびに却下され、ずっとのちになってはじめて実現したものである。

国王フリードリッヒ・ヴィルヘルム三世は、さすがにこのマッセンバッハ・プランの重要性を見て取って、将軍たちのこれに関する意見を求めた。これに対して全面的賛成を唱《とな》えたのは、陸軍会会長フォン・リュッヘルただ一人で、他の将軍たちはいろんな立場から反対であった。しかし国王は、結局マッセンバッハ案の長所を認め、翌一八〇三年から兵站幕僚部の改革に乗り出し、フォン・ゴイザウ中将（fon Geusau）をその長に任命した。これと同時に兵站幕僚長の権限分野を大幅に拡大し、最高戦争会議の軍事部門と技術部隊部門の長をも兼ねせしめた。それとともに兵站幕僚部も拡大され、二十一名の将校を擁《よう》することになった。構成人員は、大佐（時に少将）三名、少佐六名、大尉六名、副官六名であった。このうち貴族出身でない者は、シャルンホルストただ一人であることは、注目してよいであろう。この軍人将校のほかに、兵站幕僚部には六名の将校待遇の地図担当官と、製図工や事務員や伝令や当番兵などがいた。

頼みの綱は、ただ一人

この新構想の下《もと》に編成された兵站幕僚部は、同じくマッセンバッハ・プランに従って三班に分けられた。東方班はヴィトラ川右岸を担当して班長はフォン・プゥール少将（von Phull）、南方班はマッセンバッハが班長で中央ドイツ、南ドイツおよびシュレージェンを担当した。そして第三班、つまり西方班が西ドイツを担当し、班長がシャルンホルストである。

しかしこの陣容を見ると、いささか頼りないものがある。まず第一に、幕僚長のフォン・ゴイザウ中将は老人で、新しい機構を動かす知力をすでに失っていたし、フォン・プゥール少将は改革の必要こそ認めてはいたものの、元来は知識をひけらかすのを好むタイプで、いつも機嫌の悪い人間だった。マッセンバッハは、この改革原案を作成したぐらいであるから知力抜群の人であるが、人間としては才子《さいし》タイプでその才子的限界を持っていた。情緒不安定がその欠点の最大のものであり、口ばかり達者という面が強かった。つまりこの陣容のなかで、マッセンバッハ案の真の意味を的確に把握するだけの知力と、それを現実に実行に移すために必要な人格力を持っていたのは、シャルンホルストたった一人ということなのである。

前に述べたように、当時のプロイセンの軍の組織の建前のうえでの最高組織は最高戦争会議であったが、そこの二人の元帥は八十歳と七十歳の老翁《ろうおう》であった。一方、高級副官部も機能しており、これは一種の秘密軍事内閣をなして国王個人を補佐していたが、当時の高級副官部長フォン・ケクリッツ少将（von Köck-ritz）は、トランプとポート・ワインと煙草にしか関心のない人間である、とフォン・シュタイン国家男爵に酷評されていた人物である。このなかにあって新しく誕生した兵站幕僚部は、その権限も、いま挙げた二つの機関との関係も明らかでなかった。にもかかわらず、兵站幕僚部が仕事をなし、その評価を得たのは、まったくシャルンホルストという一個人の力のおかげであった。

彼は来《きた》るべき対ナポレオン戦争の特徴もそれに対する必要対策もすべて洞察していた。しかし彼のアイデアを生かすためには、まず将校の育成が必要であるが、それは一夜にして作られるものではない。そのほかすべての点で、まだまだ時間のかかることばかりであった。しかしその時間がなかったのである。ナポレオンの嵐はすぐ戸口のところまできていた。

献策は容《い》れられず

イエナとアウエルシュタットの戦いにおけるプロイセン軍の惨憺《さんたん》たる敗戦については再言を要しまい。これはプロイセン参謀本部の歴史が、プロイセン軍の惨敗をもってはじまったということであった。

しかしこれはシャルンホルストの無能を証明するものではない。というのは、この敗戦に至るまでの彼の提案は、ことごとく斥《しりぞ》けられていたからである。シャルンホルストは夙《つと》にプロイセンの中立政策の不可能なることを軍事的立場から洞察し、政府の外交責任者ハルデンベルク公に上申していた。これは兵站幕僚部の首脳の一人が政治的決定に対して意見を述べた最初のケースとして注目すべきである。しかしこの提案は国王の容《い》れるところとならず、ナポレオンはウルムでオーストリア軍を粉砕《ふんさい》し、次いでアウステルリッツの三帝会戦でオーストリアおよびロシア軍を潰滅《かいめつ》させてしまった。このいずれの戦闘においてもプロイセン軍が参加すれば、勝敗は逆になった公算が極《きわ》めて大であったのである。ここで中立策を採《と》ったため、のちにプロイセンはナポレオンを一手に引き受けなければならなくなった。

イエナの会戦の行なわれた一八〇六年、いよいよナポレオンがプロイセンを相手に北上して来た時、シャルンホルストは彼我《ひが》の兵力や装備を考えて、最初から相手に消耗を強《し》いる作戦を上申して却下された。最高戦争会議はプロイセン軍は伝統的な主力と両翼という三軍立てでナポレオン軍を迎え撃つことに決めたのである。

その後、ナポレオン軍が展開行進中、上部ファルツからジーク川に長く伸び切った時があった。シャルンホルストはここで敵の中央を断つことを上申し、また却下された。ここで彼はこの戦争における勝利の可能性を投げた感じである。

しかもプロイセン軍はせっかく編成した兵站幕僚部を分解して、それぞれの軍団に分けてしまったのである。つまり兵站幕僚長のゴイザウとプゥールは国王のいる大本営に配属され、マッセンバッハはホーエンローエ公軍に、シャルンホルストはブルンスウィック公軍にそれぞれ分散せしめられてしまった。そして大本営には、競争関係にある高級副官部が置かれて、それが一種の秘密幕僚部となっていたから、統一的な参謀本部のようなものはどこにもなくなったことを意味する。

シャルンホルストは、戦場で負傷した。そして敗戦のプロイセン軍の兵士が民家を掠奪《りゃくだつ》したり、憎まれていた将校をリンチするのを見た。彼ははじめ国王軍に合流したのであったが、馬が悪かったため落伍《らくご》し、夜間、ブリュッヘルの騎兵隊と一緒になった。

ブリュッヘル（Gebhard Leberecht von Blücher. 一七四二―一八一九）はほとんど教育のない男であったが、戦争については稀有《けう》のカンを持っていた。この戦争についてはじめから不安を持っていた指揮官は、全プロイセン軍のなかで、シャルンホルストと彼ぐらいのものであったのである。そしてこの敗戦中、ブリュッヘルはシャルンホルストとすっかり意気投合した。彼は生まれつきのリーダーであったが、同時にシャルンホルスト的な科学的・知的な参謀の必要を誰よりも鋭《するど》く感じていたのである。ここに名コンビが生まれた。

その後、この二人はリューベックの近くのラカウで降伏したが、それは糧秣《りょうまつ》・弾薬を使い果たしたうえでのことで、今回の戦いでプロイセン軍の面目をかろうじて保ったのはこの部隊だけであった。あとは大兵を擁《よう》しながら降伏するとか、少しも抵抗しないで要塞を明け渡すとか、どこを見ても情けないありさまであった。

難航する軍制改革

この敗戦でめざましいことがあった。それはプロイセン軍が完敗したにもかかわらず、旧体制側の反省は少なく、イギリス風責任内閣制を目的にして内政改革を進めようとしたシュタインはかえって解任された。一方、市民たちは、見るも無残な自国の軍隊の敗戦を見て、尊敬心をすっかり失ったばかりでなく、かえって威張《いば》っていた将校階級の没落を見て快哉《かいさい》を叫ぶ者も少なくなかった。

シャルンホルストは、捕虜交換で釈放されると、すぐにロシア軍とともに共同作戦をやっていた東プロイセンの特別軍の参謀補佐となり、アイラウの戦いでは吹雪《ふぶき》のなか、ナポレオン軍の側面を衝《つ》いて敗走せしめるという大功を立てた。この時、主力であったロシア軍のベニングゼンが消極的だったので結局大勝にはならなかったが、このニュースが広まるとパリの相場は暴落するようなことになった。常勝将軍の光をいささかも曇《くも》らすことなく戦いつづけなければならなかったナポレオンにとって、これはかなり痛いことであった。

国土の半分を失うに至った「ティルジット平和条約」以後は、プロイセンのなかにもさすがに改革の気運が動いた。最初マッセンバッハが音頭《おんど》を取っていたが、彼の性格と、この前の戦いでの手際《てぎわ》のまずさのため、まもなく舞台から消えてゆき、シャルンホルスト、ボイエン、グロルマン、クラウゼヴィッツ、グナイゼナウが中心となった。のちにワーテルローの勝因を作ったグナイゼナウは当時まだ中佐であったが、コルベルク要塞の防衛に成功してめきめき頭角を現していた。将校団自体も反省して、きわめて厳しい粛軍を行った。約八百名の将校が懲罰を受け、その他多数が免官あるいは禁固になった。

シャルンホルストは包括的な改革案を作成したが、その中心アイデアは「国民皆兵に基《もと》づく常備軍」であった。軍隊は国王の召使でなく、国家の召使であらねばならぬ、国王の「臣下」でなく、プロイセンという国の「国民」である、というのがすべての前提であった。そして陸軍参謀本部は、戦略・戦術担当部門と、組織担当部門と、予備軍担当部門と、武器・弾薬担当部門の四部門から成り、それにさらに地図部が付くという構想である。

しかし国王には、この基本構想が気に入らなかった。それは国王の大権侵害とも思えたからである。それにユンカー出身の将星《しょうせい》たちも大反対である。彼らの頭のなかでは、軍というのは貧乏貴族の子弟の生計手段であり、その子弟に特別の軍事教育を与えてくれるのが国王の義務ぐらいに思っていたのであった。ユンカー貴族は、シャルンホルスト流の将校教育案を嫌い、また国民皆兵の思想を忌避《きひ》した。国王もそのユンカーたちと似た考えであり、シャルンホルストやグナイゼナウは、国王によって「ジャコバン」(フランス革命時の過激派の名称)とまで呼ばれた。

しかし内政にはシュタインが復活し、農奴の廃止をはじめとする改革案を実行しはじめ、将校団にも中産階級から参加する者の数が増えてきた。シャルンホルストは改革派であったが、けっしてラディカルでなく、ジャコバンという批判は当《とう》を得たものではない。彼は兵士が下士官を選挙し、下士官が士官を選挙するという過激派の有力者からの提案をも拒否している。ただ彼が自《みずか》ら確信し、一歩も譲らずに説いたところは、軍務はすべての国民にとって名誉ある義務にほかならない、ということであった。したがって、彼は不名誉な体罰を軍から追放し、すべての罰は道徳的に明白な根拠がなければならぬ、とした。

「軍事省」の設置

はじめプロイセンのあまりにも脆《もろ》い崩壊を見て、まったくこれを眼中に置かなくなったナポレオンは、その後のプロイセンの復興の兆《きざ》しを見て、いろいろな干渉をはじめたが、シュタインの罷免《ひめん》もその一つであった。しかしシャルンホルストはまだ彼の目に留《と》まらず、軍隊の改革を進めることができた。

まず平時の軍隊を師団に分け、この師団はすべての種類の武器を持つ完全な戦闘単位とした。とは言っても、当時のプロイセンの財政状態では師団を多く編成することは許されないので、骨格だけは師団であるような旅団を編成したのである。それに国王がまだ国民皆兵に反対なので、短期入隊の志願兵を連隊に配属して速成訓練せしめるようにした。こういう志願兵は、「教育未完兵」(Krümper)と呼ばれたが、回転が早いので多くの予備兵ができ、いざという時は大量の兵士が動員に応じられる態勢にあるわけである。ドイツはこれと似たようなことを、その後も第一次大戦後にやっている。

シャルンホルストの案によって、四万二千人と定められた「ティルジット平和条約」の下《もと》で、プロイセンの潜在兵力は着実に増えていった。

機構改革上でシャルンホルストがやったもう一つの大きなことは、最高戦争会議を改組して、軍事関係の最高機関としての新しい「軍事省」を設置したことである。これは二大部門に分かれ、その一つは「一般軍事部」であり、もう一つは「軍事経済部」であった。前者は軍全般のことを扱い、後者は経営・管理を担当した。

問題は一般軍事部であるが、これは次の三班に分かれ、その機能と班長は次のとおりである。

第一班は、グロルマンを班長とし、以前の高級副官部の仕事を受け継ぎ、将校人事を担当した。

第二班は、ボイエンを班長とし、参謀部とした。したがって従来の兵站幕僚は廃止になった。シャルンホルストはこの部をいちばん重視して、軍の知能中枢になり、また高級将校の養成所になるようにした。

第三班は、グナイゼナウを班長とし、武器を担当した。また技術部隊はすべてここに属した。

この三人の班長はいずれもシャルンホルストの薫陶《くんとう》を受けた者たちであり、また彼はこの機構全体の生みの親であるから、この新しい軍事大臣には衆目《しゅうもく》の見るところ、シャルンホルストがなるべきであったし、また彼自身もそれを期待していたが、そうはならなかった。新軍事大臣には国王の腹心のロットム伯爵（Graf von Lottum）が任ぜられ、シャルンホルストは一般軍事部長に任ぜられたにすぎなかった。

彼の失望は大きかった。しかし彼はクラウゼヴィッツを副官としてその目標実現に没頭したのである。

目標とは、国民皆兵制度の実現と臣民の国民化と、新しい時代にふさわしい将校の養成であった。そして特に彼が関心を寄せたのは教育である。政治が絡《から》むほうにはむしろグナイゼナウが表面に立った。

シャルンホルストの微妙な立場

一八一〇年にベルリンに士官学校が設立されて、いまや軍関係の学校は三つになった。もちろんそれを統括するのには誰が見てもシャルンホルストが最適任であった。再建プロイセン軍の精神がすべてシャルンホルストから出ていることは、軍関係者には公然の事実だったからである。しかし国王は「ジャコバン」のシャルンホルストにその地位を与えず、旧派の練兵士官タイプの少将を任命した。

シャルンホルスト自身は穏健改革派であったけれども、彼の部下の班長たちはたしかにジャコバン的な急進改革論者で、国王の不信を買っても仕方がないところもあった。たとえばオーストリアが一八〇九年に反ナポレオンの軍を挙げた時、シャルンホルストは、いまこそ起《た》つ時だと考えて国王に進言した。しかし国王は却下した。それに憤慨した第一班長グロルマンは辞任してオーストリアに行き、のちにはスペインに行って外人部隊に入ってナポレオンと戦った。第三班長グナイゼナウもまた辞任し、一種のスパイとなってロンドンやペテルスブルク（のちのレニングラード、現サンクト・ペテルブルグ）に行って打倒ナポレオンに関する情報蒐集《しゅうしゅう》をはじめた。この強硬主戦派のグナイゼナウは、国王がこんなに煮え切らないのなら、弟のヴィルヘルム親王を王位につけよう、などとしょっちゅう口にしていたのだから、国王のカンに触れていたに違いない。そしてこの急進派軍人たちによるクーデターの噂《うわさ》が流れていたことは、シャルンホルストの立場をひじょうに悪くしていた。しかもそのうちナポレオンがシャルンホルストに警戒心を示し出したため、彼は一般軍事部長という中央の要職を追われ、師団付きの参謀に降格転出せしめられた。

一八一二年、ナポレオンのロシア遠征が決定され、いわゆる「大陸動員令」が下った。かくしてフランス人のみならず、イタリア、オーストリア、ポルトガル、オランダ、ドイツの諸軍がすべて三色旗の下《もと》に東進することになったのである。プロイセンももちろん協力を求められ、これを拒《こば》むことは不可能であった。ここで浮いたのはシャルンホルストの立場である。

彼はナポレオンのロシア遠征の計画を聞くやペテルスブルクに赴《おもむ》き、ロシアとプロイセンとの同盟を交渉し大なる成果を上げていたのである。そしてプロイセン国王もはじめて状況次第では国民皆兵に踏み切ってもよい、と言うようになっていた。しかし、シャルンホルストが秘密協定の成果を抱いて帰ってみると、事情はもう一転してプロイセンはフランス軍の下でロシアと戦うことになっていた。そしてまたもや彼の試《こころ》みは水泡に帰《き》したのである。

反仏派の巻き返しと新軍制成立

これに憤激したボイエンは、当時彼が占めていた一般軍事部第二班長の地位を辞めた。そのほかクラウゼヴィッツをはじめとするシャルンホルストの息のかかった有能な将校たちは、フランス軍の旗の下に戦うことを拒否してロシア軍に入った。シャルンホルストはすべての権限を取り上げられ、シュレージェンの要塞監督官という閑職《かんしょく》に追いやられた。ところが行ってみると、そこにはナポレオンに睨《にら》まれて追放状態にあったブリュッヘルがいた。そしてこの二人は、誰の目にもつかないところでナポレオン打倒の計画を進めることになった。そうする一方、シャルンホルストは『火器の効力について』の著作もしている。

一方、ナポレオンの遠征軍は周知のような惨状に陥《おちい》った。この時、プロイセン軍を率《ひき》いて従軍していたフォン・ヨルク将軍（Hans Yorck von Wartenburg）は突如《とつじょ》、重大決心を固め、ナポレオンの遠征軍と手を切ってロシア軍につくことに決めて、ロシア軍の指揮官フォン・ディービッチ（Hans von Diebitsch）と交渉に入った。このディービッチ自身がドイツ人だったうえに、その高級副官は例のクラウゼヴィッツであったから話はまとまりが早い（ちなみにモスクワ作戦におけるロシア皇帝の参謀は例のプゥールであった）。かくして戦場において普露《ふろ》軍事同盟が既成事実として出来上がるという変則な状態が生じた。このためプロイセン王もシャルンホルスト派の主張に屈して、普露軍事同盟を認め、以前からの懸案をようやく認可し、一八一三年三月、プロイセンに国民皆兵令が宣言され、新しい国軍が発足することになった。

これとともに参謀本部は誰の目につくこともなくひそやかに創設され、ブランデンブルクとシュレージェンにいたプロイセン軍の指揮官たちは、はじめて一人の参謀長から権威ある助言を受けることになった。そして指揮官がしっかりしているかぎり、参謀幕僚たちはけっして表に立たない方針が打ち出された。シャルンホルスト自身は単なる知の人でなく、不撓不屈《ふとうふくつ》の闘志の人であり、アイラウの戦いで見たように、戦場においては果敢な指揮者でもあり、いまやプロイセン軍において経歴・人望において彼に並ぶ者はなかった。にもかかわらず、大局から見ると、大衆的な味のあるブリュッヘルのほうが国民軍の指揮者として自分より適任であると判断したシャルンホルストは、ブリュッヘルをシュレージェンのプロイセン軍の総指揮官に推《お》して、自分は甘んじてその参謀長の役に就《つ》くことを引き受けたのである。そして自分の首席幕僚としてグナイゼナウを抜擢《ばってき》した。

かくして、元気がよくて、どちらかと言えば単純な、そして攻撃精神だけは無闇《むやみ》に旺盛なブリュッヘルの側《そば》には、冷静・明敏・博識なシャルンホルストがたえず付き添《そ》い、助言し、注意し、指導しながら、しかもいささかの自己顕示欲をも示さなかったのである。それは見事なコンビであった。

ナポレオン恐怖症の克服とシャルンホルストの死

シャルンホルストは、グナイゼナウを相手に対ナポレオン戦争の構想を練っていた。一方、モスクワで敗れたナポレオンは、ただちに六十万の大軍を再編成していた。そして、ナポレオン対普露《ふろ》同盟軍は、一八一三年四月から動員を開始し、五月一日に戦闘がはじまった。しかし、シャルンホルストの最初の計画は、あまりに冒険的であるというので、ロシア軍の司令官で、同時に同盟軍の総司令官であったヴィトゲンシュタイン伯爵は採択せず、シャルンホルストとしては次善の策で戦わなければならなかったのである。そして敗れた。

しかしこの敗戦はいままでのものと違っていた。リュッツェンあるいはグロース・グロッシェンの戦闘にナポレオンが用いた軍勢は約二十万であるのに対し、普露同盟軍の軍勢は約九万で、ナポレオン軍のほうが倍の兵力である。しかし死者の数はナポレオン側が約二万五千であるのに対し、同盟軍のほうはその半分以下の約一万一千ぐらいであった。そのため敗れたほうにかえって「ナポレオン怖《おそ》るるに足らず」という自信を与えた。この場合、敗れた同盟軍の退却が整然とし、予想を超えて速やかであったため、ナポレオンの得意の追撃戦は効果を上げなかったのである。

これから約二十日後、ナポレオン軍と同盟軍は再びバウツェンで戦った。この間にナポレオン軍には、サクソン軍が加わって再び約二十万の兵力となり、これに対して同盟軍は約十一万の兵力であった。このように再びナポレオン軍は二倍の兵力を用いて勝ったのであるが、死傷者は約二万、敗れた同盟軍は死傷者約一万二千であった。そして、ナポレオン軍は同盟軍の巧妙な退却作戦のため追撃して捕捉殲滅《ほそくせんめつ》に移ることができず、戦場は占領したけれども、二倍の軍で二倍の犠牲を出すという、いままでとは勝手の違った勝利であった。

これは、いずれもシャルンホルストの冷静な作戦指導によるものであることに、ナポレオンは、まだ気づかなかった。整然たる退却は敗残ではない。これはよほど自信があって、のぼせない参謀長がいて、はじめてやれることであったが、シャルンホルストもグナイゼナウも、まさにそうできるタイプの人であった。

それからもう一つ付け加えるとすれば、シャルンホルストもグナイゼナウも、根本方針として、進撃は分散して、会戦は集中するような計画を立てていたことである。これは当時の道路その他の事情で必ずしも理想的にはいかなかったけれども、われわれはのちに鉄道の発達とともに、モルトケによって威力を発揮することになるのを見るであろう。

しかし何と言っても、敗戦である。シャルンホルストは、敗戦の原因を分析して、一つには軍備が絶対的過少であったことをあらためて認識した。これを補《おぎな》うにはオーストリアを誘《さそ》いこむより仕方がない。彼はリュッツェンの戦いで足を負傷していたのだが、それを押して軍事同盟の交渉のためこの年の五月ウィーンに出かけて行った。しかしナポレオンの打倒よりもプロイセンの強大化を怖れていたオーストリアの首相メッテルニッヒ（Fürst von Metternich-Winneburg）は、シャルンホルストがウィーンに来ることを好まず、プラハに足止めしてしまった。その間に足の傷から敗血症を起こして、誰一人として看取《みと》る人のないまま、プロイセン再建の中心人物は、プラハの宿でひとりさびしく死んだ。時に一八一三年六月二十八日のことであった。

シャルンホルストの忠実なる後継

シャルンホルストのあとを継いでプロイセン軍の参謀長になったのは、彼の首席幕僚であったフォン・グナイゼナウ（August Wilhelm von Gneisenau. 一七六〇―一八三一）である。

彼は上部オーストリアの貧乏貴族の子として生まれた。父はザクセン軍の砲兵中尉であり、母は平民出身の砲兵士官の娘であった。父は退役すると建築関係の仕事に従事していた。しかし母は彼を産むとすぐ死に、父が再婚したため彼は里子に出され、極貧の庶民に育てられたが、のちにヴルツブルクの富裕な親戚が引き取って養育してくれたのである。

成人してオーストリア軽騎兵になったが、傭兵連隊の一員としてアメリカ独立戦争では、イギリス軍のために戦ったこともある。この彼がのちにイギリスのウェリントンとともにワーテルローでナポレオンを破るのであるから、イギリスとの因縁《いんねん》は浅くない。

グナイゼナウは、アメリカから帰った一七八六年にプロイセン軍に加わったが、頭角を現す機会もなく、ポーランドおよびシュレージェンの守備隊付の将校として実に二十年間冷飯《ひやめし》を喰わされつづけた。この間、彼は徹底的に軍事戦略の研究をしたという。しかしイエナの敗戦後、彼はコルベルクの要塞を守り、ティルジット平和条約までその要塞を持ちこたえたため、はじめて注目を浴び、中佐に昇進し、このあとシャルンホルストの知遇を得《え》、彼の死後、少将としてブリュッヘルの参謀長になったのである。

彼は気性が激しく、冷徹な学者タイプのシャルンホルストとは正反対の性格であったが、重要な点で共通していた。それは頭脳が明晰《めいせき》で事態の把握が的確で、しかも意志が強固なことである。しかしシャルンホルストに比べれば派手で、参謀長という人目に立たない役には不満があったろうと思われるが、なにしろ尊敬するシャルンホルストが身をもって示した道であるので、最後まで忠実に職を果たした。当時の評判では彼は「シャルンホルストの聖ペテロ」とも言われたが、彼自身は「シャルンホルストに比べれば自分は巨人の傍《かたわ》らの小人である」と言っていた。

一八一三年六月四日に締結された休戦条約はわずか二カ月の期限しかなかった。この間にプロイセンの陣容は一新した。

グナイゼナウは、全プロイセン軍の参謀総長となると同時に、ブリュッヘルの幕僚長となり、ボイエンがビューロー将軍（Graf Bülow von Dennewitz）の参謀長に、グロルマンがクライスト将軍（Graf Kleist von Nollendorf）の参謀長になった。このうちビューロー軍はスウェーデン皇太子軍の麾下《きか》に入り、クライスト軍はオーストリアのシュヴァルツェンベルク将軍（Fürst Karl Philipp zu Schwarzenberg）の麾下に入ることになった。

かくしてシュヴァルツェンベルク軍約二十三万（うちプロイセン軍五万、ロシア軍五万）、ブリュッヘル軍約十万（うちロシア軍六万）、スウェーデン皇太子軍約十六万（うちプロイセン軍八万、ロシア軍三万）の三軍合計約五十万、その他の守備兵二十万、総計約七十万が、ナポレオン軍の約五十万と対峙《たいじ》することになった。一八一三年の八月のことである。

“退《ひ》きつ攻めつ”の徹底的消耗戦《しょうもうせん》

さて戦争計画の責任者となったグナイゼナウは、司令官の決定に対して参謀長は共同責任を負うという「ミット・フェアアントヴォルトリッヒカイト」（コ・レスポンスィビリティ）の原則を打ち出した。これは司令官と参謀長との一体感を作るためのものであったことは明らかである。そして司令官と参謀長の意見がどうしても一致しない時は、参謀長は、自分の不満なり疑惑なりを直接、参謀総長に伝える特別の道を開いた。これによって、軍の首脳は各兵団の把握を確実にしうるようになったのである。これ以後「ワーテルローの戦い」まで、プロイセン軍はナポレオンとしばしば戦い、しばしば敗れながらも、最後まで崩壊せず、かえって勝率の高かったナポレオン軍のほうが崩壊してしまうのである。

またグナイゼナウは、戦場における命令がともすれば明確さを欠き、その曖昧《あいまい》さのために勝敗が左右されることに注目し、命令がつねに明確であり、所定の形式が完全に守られ、しかも迅速に伝えられて連絡は絶対に確実であるようにするためのさまざまのノウ・ハウを工夫した。また戦闘においては臨機の手段が重要であることに気づき、中央からの指令は概略を定めるにとどめ、細かい肉付けは戦場担当の各指揮官の裁量にまかせる方式を編《あ》み出した。これは彼がフリードリッヒ大王の戦術と戦史を研究し、そこからヒントを得たものと言われる。

これ以後の対ナポレオン戦争の戦略構想は、主としてグナイゼナウの構想であった。五十万のナポレオン軍は長大な戦線に伸びていて同盟軍は迂回《うかい》できない。しかもそのどの部分にもナポレオンの主力が出現しうる態勢にある。それでナポレオンの主力がどこに現われてくるかがわかり、これを集中攻撃できる機会が来るまでは、決戦は避け、敵が強く出ると見れば退《ひ》き、隙《すき》があったら攻撃し、徹底的に消耗《しょうもう》を強《し》いるという根本方針を立てた。そして八月十四日の緒戦《しょせん》から十月末までの無数の小戦闘や軍の移動において、グナイゼナウが一度もその方針からはずれなかったことは驚くべきことである。

八月十四日、ブリュッヘルのプロイセン軍は、まずフランスのネー将軍（Michel Ney）の軍を急襲してこれを敗走せしめた。ナポレオンはこれを聞き、主力をひっさげて応援に来た。プロイセン軍は予定のとおりその鋭鋒《えいほう》を避けるため退却の用意をし、戦いつつ退き、退きつつ戦った。

従来のナポレオンの戦術は、主要戦場にできるだけの火器と兵力を集中し、一挙に敵を叩《たた》いて追撃戦に移るところに本領があった。そして主要戦場に対するカンの鋭さと、そこに兵力を集中する天才的速さが彼の勝利の最大理由であった。しかしシャルンホルストによって、退却は必ずしも敗残でないことが証明されたし、グナイゼナウはこれをはじめから根本的な戦略としていたのである。ナポレオンは一挙粉砕の拳《こぶし》を振り上げても、いざそれを打ち下ろした所からは敵はもう整然と退いているのであった。

こんなことをしているうち、オーストリア軍が後方のドレスデンに現れたとの報告があったので、ただちに主力を引き連れて引き返さねばならなくなった。そこで麾下の第一の勇将マクドナルド（Alexander Macdonald）に十一万の兵を与えてブリュッヘルのプロイセン軍を支えせしめた。しかしプロイセン軍は既定の作戦どおり、ナポレオンの主力がいなくなるとすぐに攻撃に移った。もちろんマクドナルドも応じる。するとプロイセン軍は退却する。

いざ決戦、ライプツィヒへ

このようにして、プロイセン軍は同じ道路を進んだり退いたりすること三度、この間に将兵は食事も睡眠もろくろくできず、しかも勝っているのか敗けているのかわからないような不得要領の戦いに不満を示した。しかしグナイゼナウはこれこそ既定の作戦であるとして断乎《だんこ》反対を斥《しりぞ》け、将兵を鼓舞《こぶ》した。だがフランス軍にとっては、これは既定の作戦ではない。既定の作戦としているプロイセン軍にすら不満が高まるぐらいだから、フランス軍のほうは、さらにもっとじれてきた。そしてじれたあまり無理な追撃をしかけたため、見事にグナイゼナウに捕捉《ほそく》され、カッツバッハで潰滅的《かいめつてき》な打撃を受け、三分の一の兵力を失ってしまうのである。

一方、ドレスデンに戻ったナポレオンは、三日間に約百五十キロの行軍という神速《しんそく》ぶりでオーストリア軍を粉砕した。個々の戦場におけるナポレオンの指揮は依然《いぜん》として水際《みずぎわ》立《だ》っており、まだ正面から争って勝てる将軍はいないのである。この点からもグナイゼナウの根本戦略である「ナポレオンの主力とは正面衝突しない」という方針は正しかったのである。

ドレスデンの戦いで勝ったナポレオンはただちに例の追撃に移ったのであるが、クライストとグロルマンの軍が側面から現れたため、追撃中のフランス軍を指揮する将軍がかえって捕虜になったので、せっかくの勝利も有終の美を飾《かざ》ることができなくなった。つまりナポレオンは自分の主力は勝ったが、同じ日にカッツバッハにおけるマクドナルド軍の敗戦と、オーストリア軍を追撃していた味方の全滅があったわけである。

しかもこの頃、ベルリンの方面では、ビューローとボイエンのコンビのプロイセン軍とスウェーデン軍の同盟軍によってフランス軍が敗れた。おまけにナポレオンは、ドレスデンへの急行軍やら何やかやから出た過労で、病床につかざるをえない状態であったのである。

しかしベルリン近郊での敗報は聞き捨てならない。ナポレオンはただちにネー将軍に七万の軍を与えてベルリン方面に向かわせた。このためドレスデンのフランス軍が少し手薄になったのを見たブリュッヘルは、ただちに東方から攻撃をしかけてきた。病床からすでに起きていたナポレオンはこれを聞くや、まずこのプロイセン軍を粉砕して自《みずか》らもベルリンに行こうと決心したのである。しかし、これもグナイゼナウの既定の作戦であった。ナポレオンが主戦場と思われるところに全力を集中すると、プロイセン軍はフランス軍に損害を与えつつ退却してしまうのだ。ナポレオンが断乎《だんこ》追撃しようとすると、空《から》になったドレスデンに向かってオーストリア軍とプロイセン軍（クライストとグロルマン麾下）が南方より進撃をはじめてきた。せっかく占領した根拠地を取られては大変とばかり、ナポレオンは急遽《きゅうきょ》引き返してこれに一撃を与えてほっとする間もなく、例のブリュッヘルの軍はまた攻撃してきた。これを撃退してみると、すでにまたこの前撃退した普墺《ふおう》同盟軍がまた南方から出てきた。そこでまたそれに向かって出撃する。こんなことを半月近く繰り返していたら、北のベルリンに行ったネー将軍は、プロイセン軍（ビューローとボイエン麾下）とスウェーデン軍の同盟軍に敗れてしまった。

　スペイン半島が最もよい例であるが、フランス軍はナポレオンがいないところでは、たいてい負けるのである。この場合もその例に漏《も》れない。フランス軍はナポレオンという天《てん》成《せい》のリーダーの下《もと》でしか勝てない軍隊になっていたのに反し、プロイセンを主軸とする同盟軍はそれに対処するノウ・ハウを見出《みいだ》したのである。このため、ナポレオンはドレスデンを手に入れたし、また自分自身が出馬した小戦闘ではつねに勝っていたにもかかわらず、気がついてみたら、八月上旬に五十万であったフランス軍は、約一カ月半後の九月中旬には何と半数の二十五万に減じていた。

ここにおいて同盟軍はグナイゼナウの提案に基《もと》づき、北、西、南の三方面からライプツィヒに進撃することに決定した。ブリュッヘルのプロイセン軍主力は元来、東から迫っているのであるが、九月下旬、北進し、さらに西に回るという三百二十キロにわたる冒険的な進軍をやったのである。ナポレオンは八月以来の戦いの感触から、兵数こそ比較的少ないけれどもブリュッヘルのプロイセン軍こそ同盟軍の中核であり、これを潰《つぶ》せばあとは何とでもなると確信するに至っていたので、主力を東方に向けていたのである。しかしそこはすでに蛻《もぬけ》の殻《から》であった。さてこそ計られたかと地団太《じだんだ》踏んだが、プロイセン軍が北進したことを確かめたので、スウェーデン軍とプロイセン軍は合流したと判断した。そこで全兵力を挙げて北を叩《たた》き、ひるがえって南のオーストリア軍を叩こうという計画を立てた。このような作戦こそ、若い頃、イタリア戦線で使っていつも大成功を収めたナポレオン流である。しかしここにもブリュッヘルの軍はいなかった。すでに西方に抜けていたのである。完全に二度も裏をかかれたナポレオンは、いよいよ戦場をライプツィヒと定めるのであるが、ここここそ、グナイゼナウが当初より想定した戦場であったのだ。

八月十四日の開戦からちょうど二カ月経った十月十四日、ナポレオンは、自分の気づかぬ間に相手に計られた恰好《かっこう》でライプツィヒに入るのである。ただナポレオン軍の快速進撃のため、同盟軍側の北方軍（スウェーデン軍主力）はまだ到着していなかった。しかし一方、ナポレオン軍も行軍に次ぐ行軍に疲れ、翌十五日には戦闘できる状況でなかったので、十六日に決戦は持ちこされた。この時ナポレオン軍はすでに十八万に減じ、同盟軍はオーストリア軍十六万、プロイセン軍六万であった。

七年越《ご》しの仇《あだ》

ナポレオンは、まず全力を挙げて南のオーストリア軍を攻撃して勝ち戦《いくさ》であった。しかし追撃戦に移るには兵数が足りないうえに、西北からブリュッヘルのプロイセン主力が迫ったので、途中から撤収しなければならなかった。この攻勢によりナポレオン軍は六分

◀シャルンホルストの遺志を継いだグナイゼナウは、対仏戦の勝利を導くとともに、参謀本部をプロイセン陸軍内の恒久的存在にした

▼勇将ブリュッヘル。彼の勇猛果敢な指揮と、参謀本部の冷静な判断が大敵ナポレオンを倒した

の一を失って夜を迎えた。しかもこの間に同盟軍には北方主力軍が到着したため、約三十万になり、ナポレオン軍の約二倍になった。

十八日が決戦の日であった。十七日の夜はナポレオンは不眠で作戦を立て準備をしたという。そして十八日が明けたが、味方のサクソン軍師団などで寝返りをうつものが出たりして、勝算はゼロになった。

翌十九日、ナポレオン軍はライプツィヒから退却を開始した。途中、その退路を断とうとしたバイエルン軍を蹴散《けち》らしてライン川に到達した時、つい二カ月前に渡河《とか》した五十万のナポレオン軍は十万以下になっていた。惨憺《さんたん》たる敗北である。しかもモスクワでのように冬将軍に敗れたのではない。ナポレオンはしばしば乾坤一擲《けんこんいってき》の会戦を求めながら、その都度《つど》グナイゼナウ方式ではぐらかされ、消耗戦《しょうもうせん》を強《し》いられ、またつねに包囲攻撃に苦しめられたのであった。小戦場での勝利の数は多かったが、大局への影響の少なかったことは驚くばかりである。

ナポレオンに対して当初から消耗戦がよいと洞察《どうさつ》していたのは、シャルンホルストであり、七年前の一八〇六年に進言して容《い》れられず、プロイセンはイエナとアウエルシュタットで惨敗《ざんぱい》したのであるが、後継者グナイゼナウはその仇《あだ》を討《う》ったことになる。

ここで一言付け加えておけば、この戦役におけるロシア軍のことである。ロシア軍にはすでにエカテリナ二世（EkaterinaⅡ．在位一七六二―九六）の頃から参謀本部様式のものが発生していた。これは女帝が戦場の指揮者になるわけにゆかないことから生じた当然の結果であったが、その幕僚はプロイセンの将校やプロイセンの教育を受けた将校がほとんどであった。いま述べた戦いにおいても、ロシアの各軍団の参謀長はプロイセン仕込みの人たちであったし、ロシア軍首脳とブリュッヘル軍との連絡将校はクラウゼヴィッツであった。そしてこれらの人たちを通じてグナイゼナウの戦略構想は、まことによくロシア軍内でも生かされたのである。

十四戦十一勝の敗者

ナポレオンがライン川の南に退いたあと、同盟軍の意見は割れた。プロイセン王フリードリッヒ・ヴィルヘルム三世は、フランスの勢力がライン川以南にとどまることに満足した。オーストリアのメッテルニッヒは、プロイセンを抑《おさ》える力としてあまり弱いフランスは好ましくない、と考えていた。オーストリアの将軍シュヴァルツェンベルクは、北フランスの要衝《ようしょう》を占拠すればフランスは降伏するだろうと言う。そして何となく戦いはうやむやになりそうであった。

この時、断乎《だんこ》としてパリ進軍を主張したのは、グナイゼナウである。ナポレオンを捕らえて正義と法の名の下《もと》に全世界の前で裁き、銃殺すべきであるとも主張した。

グナイゼナウはすでに述べたように政治的関心が強く、帝政フランスを完全に葬《ほうむ》り、プロイセンをイギリスのような立憲君主制とし、戦勝の結果を国民の道徳的・政治的自由と結びつけねばならぬと確信していた。そしてシュタインと共鳴し、しかも彼より急進的であった。たまたまこのシュタインは、その頃ロシア皇帝の顧問をしていたので、グナイゼナウの主張を支持するよう働き、ついに同盟軍のパリ進軍は決定されたのである。十九世紀におけるプロイセンの最初のパリ進撃である。

同盟軍には、それぞれ複雑な思惑《おもわく》があり、同床異夢《どうしょういむ》の観が強く、緩慢《かんまん》な進軍であった。一方ナポレオンは再び十二万の軍を引き連れて出陣した。一八一四年一月二十五日のことである。彼の目標はブリュッヘルのプロイセン軍であった。これを潰《つぶ》せばあとはどうにかなるというのは、すでにナポレオンの確信になっていたのである。かくして一月二十九日のブリエンヌの戦闘が起こった。ここはナポレオンが若い時に勉強してその地理に詳《くわ》しい所である。そして勝ったが、プロイセン軍の死傷は約三千である。これはいままでの戦争に比べると数分の一の数にすぎない。グナイゼナウの方式では敗れても、つまり戦場を捨てても、敗残兵の群にならないよう退却するのである。ナポレオンは勝ってもけっして昔のように敵に潰滅的な打撃を与えることはもうできない。果たせるかな、三日後の二月一日のラ・ロテールの戦いでは今度はプロイセン軍の勝ちになっている。

このような調子でパリが陥落する三月三十日までの約六十五日間、十四回の戦闘があった。その十四回のうちナポレオンは実に十一回勝っており、敗れたのはわずか三回である。将棋や囲碁でこれだけの勝率があれば名人位は不動だが、戦争は違う。ナポレオンは鬼神のごときエネルギーで、この期間に延《の》べ約一千二百キロを行軍し、圧倒的な勝率を上げたのだけれども、決定打がなかったのである。おそらくナポレオンは、若い頃の戦争のことを考えていたのかもしれない。そしてこれだけ戦場で勝っておれば、道は開けるはずだと思ったのだろう。

しかし戦場の勝利が必ずしも大局と結びつかないことは、シャルンホルスト＝グナイゼナウ構想に組みこまれていたのである。プロイセン軍は敗戦が命取りにならないうちに巧《たく》みに退却するのである。外見では敗戦であるが、退却しているほうの指揮官と参謀長は敗戦だと思っていないことを、ナポレオンはどうも最後までわからなかったように見える。そして、囮《おとり》の騎兵団を追い散らしていて勝っていると思ったら、敵の主力はすでにパリに入城していたのであるから、間抜けな話である。

天才・ナポレオンが見落としたもの

もう陣頭指揮的なリーダーシップではどうにもならなかったのに、ナポレオンはそのことにまだ気がつかなかった。それだからエルバ島に流されてからも、諦《あきら》めきれず、ウィーン会議のもたつきを見て島を脱出してパリに帰り、再び帝位に就《つ》くのである。もしも彼が戦争自体がリーダーシップだけではどうにもならぬことになっていることを洞察していたら、彼には平和な余生があったかもしれない。

もう一度、戦争に勝てば何とかなるというのは、自己のリーダーシップに対する過大評価である。十四戦十一勝してもパリは陥《お》ちたし、その前のドレスデンとライプツィヒの戦いでは、彼自身の主力軍は六戦六勝、つまり全勝しながらも、五十万の軍が十万以下になったのではなかったか。戦争における何か本質的なものが変わったのである。それが彼にはわからなかったのだ。

かくしてナポレオンはエルバ島を脱出し、再び帝位に就き、ワーテルローの戦いがはじまった。

前に陸軍大臣をし、多くの幕僚将校を育てたカルノはこの出陣に反対した。同盟軍は足並みが揃《そろ》ってないから、当分、攻めてこない。それまで軍の整備をすべきだと言うのである。長い間ナポレオンの幕僚長をやっていて、彼の意図を正確に理解し、的確な命令文を作成して確実な連絡を保つのに大功のあったベルティエ（Prince de Berthier）はもういない。また長い間ともに戦って気心の知れた将軍も、ネー以外にはいない。それでもナポレオンは勝てると思っていた。つまり自分のリーダーシップのみを信じているのである。

ナポレオンは敵としてつねにブリュッヘルを第一に意識していたが、ブリュッヘルはウェリントンとともにベルギー方面にいた。これを叩《たた》くことができればイギリスの内閣は倒れ、そうすればオーストリアは和解に応ずるであろう、という読みである。しかもベルギーは親仏感情が強く、物資が豊富で次の戦いに備えるのに都合がよい。またナポレオンは終始ウェリントンを軽蔑していた。したがってベルギー方面にはウェリントンのイギリス軍を中心とする連合軍が約十万と、ブリュッヘルのプロイセン軍が約十二万いるけれども、自分がブリュッヘルと戦う間、鈍重《どんじゅう》なウェリントンはけっして出てこないだろう。一方、ウェリントンを攻撃すれば、ブリュッヘルは必ず側面から出てくるであろう。したがってまず全力を挙げてブリュッヘル軍を粉砕《ふんさい》することができれば、戦いは勝ちだと判断したのである。そしてこれはいまから見ても正しい判断であった。やはりナポレオンは戦《いくさ》の天才である。

しかしブリュッヘルの軍には戦場で勝てても、いままでと同じやり方では粉砕することはできなくなっているということだけは見落としていた。つまりナポレオンの状況判断はすべて正しいのだが、たった一つ、プロイセン軍には新しいタイプの参謀本部ができていることだけは、見抜けなかったのである。これは無理もない。これから五十五年後の普仏戦争に負けるまで、フランスはそれに気づかなかったのだから。

作戦的退却軍と敗残兵との大いなる違い

一八一五年六月十二日、約十三万の兵を率《ひき》いたナポレオンは急に北上して、同十五日、突如《とつじょ》シャーロアのプロイセン軍を攻撃した。不意を衝《つ》かれたプロイセン軍は敗れたが、グナイゼナウは敗兵を巧《たく》みに退却せしめて、リニーにおいて陣容を立て直した。ここでも戦場の勝利は敵の潰滅を意味しなかった。しかしナポレオンの推察どおりには、ウェリントンの軍は側面から出てこなかった。

次いでナポレオンは、主力を挙げてリニーに後退したプロイセン軍を攻撃した。双方それぞれ八万ずつをこの戦場に集中したのである。そして例によってナポレオンが戦場の勝者であった。プロイセン軍では指揮官のブリュッヘルの馬が撃《う》たれ、彼自身重傷を負い、代わりに参謀長のグナイゼナウが全軍の指揮を執《と》ることになったのである。

彼は戦闘に敗れたことは知っていたが、ここの戦場の基本計画は、イギリス軍と協力してナポレオンを撃つにあることを忘れていなかった。したがって万人《ばんにん》が予想するように街道づたいに逃げることをしないで、ウェリントン軍と連合作戦を取りやすいワーヴルに向かって兵を退《ひ》いたのである。このことはグナイゼナウがリニーという局所的戦場では敗れても、ワーテルロー地区の作戦は終わっていないことを自覚していたことを示す興味ある事実である。

多くの戦史はナポレオン側からかウェリントン側から書かれているので、プロイセン軍の退却方向があたかも偶然だったように見えてくる。しかしその背後に明瞭な作戦構想があったことは、翌日、そこからプロイセン軍がワーテルローに進撃していることによって明らかに知られる。以前のナポレオン戦争では、戦場の敗者は敗残兵だったが、いまやそれは整然たる戦場撤退軍に変わっているのだ。

ナポレオンさえこれがわからなかったのだから、その部下のグルーシー（Marquis de Grouchy）にわからなかったのも無理はない。戦場で敗れたプロイセン軍はすでに敗残兵になっていると考えて、敗残軍が逃げるはずの街道沿《ぞ》いに三万人の軍隊を率《ひき》いて追撃した。そして夜になってからプロイセン軍は別方向に退いたことを知ったが、その重要性はまだわからなかった。グナイゼナウは翌日、ウェリントンとともに戦うつもりでワーヴルに退いたのに、フランス軍のほうでは、単に敗走しただけだと誤解したのである。敗退したままの姿勢が次の姿勢につながるような計画性はまだ考え得《え》なかったのである。六月十六日のことである。

常勝の英雄の辞書に、敗戦後の計画はなかった

翌々日の十八日、フランス軍はワーテルローに陣取《じんど》ったウェリントンに猛襲を加えた。

ナポレオンにしてみれば、予定のごとくプロイセン軍を破ったので、戦いはもう勝った、と思っていたようである。地の利《ちり》はイギリス軍に有利だが、そこにいる兵数は約七万にすぎない。自分のほうは約七万五千で、騎兵が約五千、大砲が百門多い。この条件で自分が負けるわけはない、とナポレオンは思った。そして戦勝後にベルギーの首府ブラッセルに入ることを想定して、そこの市民に配布すべきビラまで作らせていた。

ウェリントンはナポレオンの目から見れば凡将《ぼんしょう》であろうが、スペイン戦線では、ナポレオンの将軍の誰にも負けたことがなく、唯一ナポレオンに敗れただけであって、けっして見くびってはならない相手であった。そしてイギリス兵は弱卒《じゃくそつ》ではない。彼らは午前十一時半頃から夕方まで繰り返して押し寄せるフランス軍の攻撃をよく持ちこたえたのである。しかしその戦線は突破される寸前だった。その時、予定のごとくプロイセン軍が右手のほうから現れてきたのである。

ナポレオンははじめ双眼鏡を持って戦線を見回した時、右手の黒い点は森か軍隊か一時判断をつけかねていた。そしてそれが軍隊とわかってからも、右手から来るのはグルーシーの軍隊であろう、と楽観したのである。念のため騎馬斥候兵《せっこうへい》を出してみると、何とそれは一昨日粉砕したはずのプロイセン軍なのであった。先頭にはビューローの三万、そのあとからはブリュッヘルの主力四万が怒濤《どとう》のごとく押し寄せてくるのである。つまり一昨日の戦場の敗者は、ほとんど兵力を減じないで猛攻に出てきたのである。敗兵が敗残兵になるとはかぎらないことを、いまやナポレオンはいやというほど骨身に徹して知らねばならなかった。

ワーテルローの戦いでナポレオンの軍隊は戦場の敗者であるのみならず、まったくの敗残兵になった。戦場で敗れても整然と引き上げるということはナポレオンの辞書になかった。彼は戦場ではほとんどつねに勝っていたのだから。しかしグナイゼナウのほうもこれをよく知っていた。ナポレオンは戦場で敗れれば、それからあとの計画はないことは研ずみである。いつもは守勢的であるグナイゼナウは自《みずか》ら先頭に立って断乎《だんこ》追撃を命じた。夜を徹しての追撃に次ぐ追撃であり、翌朝、日が出て見たら先頭のグナイゼナウに続くのは、騎兵中隊が少しだけであったと言われる。そこで追撃は一時休息に入った。このためナポレオンは敗残兵を収容する暇《いとま》もなく、そのままパリに逃げ帰るより仕方なかった。二十一日にパリに着き、翌日退位せざるをえなかった。

グナイゼナウの功績と失意

グナイゼナウの側面攻撃、それに続く徹底追撃は水際立《みずぎわだ》った作戦であった。ウェリントン軍は追撃する精力《エネルギー》がなかった。したがってグナイゼナウの徹底追撃がなかったならば、ナポレオンはラオン付近で敗残兵を取りまとめることができたと思われる。事実、彼はそれを試《こころ》みたのだが、グナイゼナウの追撃があまり急だったので果たせなかったのである。実際の戦場で死傷したフランス兵は約二万五千であるから、十万近い将兵が再編成される可能性がなくもなかったと言えよう。

ナポレオンはのちにセント・ヘレナ島に流されてからワーテルローの戦いを回顧して、こう言ったそうである。

「あれは運命だったのだと思うより仕方がない。あの戦いはどう考えても自分の勝つべき戦いだったのであるから」と。

結局、最後まで自分の敗因がわからなかったということである。

また、われわれの目に触れるナポレオン伝は英語経由のものが少なくないため、ウェリントンの功績のみが重視され、プロイセン軍の出現は〝おまけ〟みたいに扱われていることがあるが、それでは不公平である。グナイゼナウのこの地区全般にわたる作戦指導の原理に一本筋が通っていることを見るのが重要である。

プロイセン軍は再びパリに進撃した。これが二度目である。しかし戦場の外のことにおける面でのグナイゼナウの失望は大きかった。彼の政治的構想はのちのビスマルクが考え、当時のシュタインが考えたように、中央集権的ドイツであったが、ウィーン会議はそれを許さなかった。また、フランスを恒久的《こうきゆうてき》に弱め、プロイセンの地理的立場を強化するために、アルザス・ロレーヌ地方をフランスから取り上げ、ベルギーを強化して緩衝《かんしよう》地帯とすることを望んだが、もちろんオーストリアやロシアがそれを許すはずがない。国内の政策も彼が望んだように自由にはならなかった。なるほど国王は憲法や議会の創設を約束したが、それを守らなかった。戦後の「メッテルニッヒ体制」のヨーロッパ大陸は、反動色が強かったのである。

プロイセン国王はグナイゼナウの功績が抜群なのを認めて、ヨルクやビューローやクライストなどとともに伯爵に叙《じよ》したのであるが、急進思想を忌避《きひ》されて中央の要職からは遠ざけられた。そして戦後の参謀総長にはグロルマンが就任した。グナイゼナウは、同じく急進思想のために忌避されているシュタインと時々会って、昔話をするぐらいであった。そして一八一六年、グナイゼナウは不満に腹をふくらませたまますべての任務から退いた。その後、約十年間は忘れられていたが、一八二五年、ワーテルローの十周年記念の時に憶《おも》い出されて元帥に昇進せしめられた。それからまた六年経った一八三一年、ポーランドに反露革命が起きた時に、プロイセンの権益を守るため、総司令官に起用された。その時彼が選んだ参謀長はクラウゼヴィッツである。そしてポーランド駐在中に、グナイゼナウはコレラにかかって死んだ（一八三一年八月二十一日）。

シャルンホルストによって創設された参謀本部が、初期の試練に耐《た》えて、一つの恒久的な組織としてプロイセン陸軍のなかに根を下ろすに至ったのは、一《いっ》にかかってグナイゼナウのおかげである。とは言っても、その存在の法律的・機能的定義は明らかにされておらず、また軍事大臣や高級副官部や国王の軍事内局との関係もまだすっきりしなかった。

にもかかわらず、ともかくも参謀本部は、平時においても解散されることなく軍事省内に存在しつづけ、次の戦争の準備をし、高級将校の卵たちを教育し、科学的な訓練を与え、将来の戦場となる可能性のある地域の地図を完備させ、隣国の軍隊を研究しつづけることになったのである。

第3章

哲学こそが、勝敗を決める

――世界史を変えたクラウゼヴィッツの天才的洞察

改革思想の余燼《よじん》(1)――ボイエン

ナポレオンは、ヨーロッパにナショナリズムと新型の戦争を残して、舞台をさびしく去った。もちろん彼は、フランス革命の子ではあったが、それが自《みずか》ら帝位に就《つ》き、しかも彼が失脚したあとは、ルイ十八世が即位し、またもや旧《ふる》い王統(ブルボン王朝)が復活したのである。

フランス革命の勃発《ぼっぱつ》以来、どれほどの人命が失われたであろうか。ギロチンに消えた人たちだけでなく、十数年の長期にわたるナポレオン戦争のため、ヨーロッパ中《じゅう》が徴兵制度を導入し、かつてない規模で殺し合ったのだ。「メッテルニッヒ体制」は反動と言われるが、それが成功したのは革命の夢が破れ、昔のほうがよかったと感ずる人のほうが多数を占《し》めてきたということでもあったのである。その雰囲気のなかでプロイセン陸軍は、その後どうなったであろうか。

プロイセン参謀本部は、前述したとおり、元来、革新派の軍人によって創設されたのであった。シャルンホルストの根本構想は、まず国民に平等の権利と機会とを与え、それを立脚点とした国民皆兵の義務に基《もと》づく国民軍の創設にあった。その急進性においては政治家シュタインの構想に劣るものではなかった。そして、シャルンホルストの後継者グナイゼナウが、さらに急進的であったことは、前章で見たとおりである。シャルンホルストもグナイゼナウも、その急進思想の故《ゆえ》に「ジャコバン派」と烙印《らくいん》を押され、つねに国王から警戒され、時には遠ざけられたこともあった。にもかかわらず、相当の要職にいたのは、まったく軍人としての抜群の能力の故であり、しかもそれを必要としたナポレオン戦争の故であった。戦争がなくなれば邪魔になるタイプの一群と言えるであろう。しかし急進派の余《よ》燼《じん》はまだ強く、ナポレオンの没落後も、まだしばらくは、いわゆるジャコバン派の軍人、つまりシャルンホルストの息《いき》のかかった俊秀《しゅんしゅう》たちが要職を占めていた。

ナポレオン戦争の終結の頃、プロイセンの軍事大臣に就任したのはヘルマン・フォン・ボイエン少将（Hermann von Boyen. 一七七一―一八四八）である。

彼はプロイセンの陸軍中尉の息子であったが、いわゆるユンカー出身の軍人ではなかった。彼はこれまでのドイツの陸軍大臣のうち最も急進的《ラディカル》であり、その急進性においては、ワイマル時代の社会民主党出身の陸軍大臣ノスケ（林健太郎《はやしけんたろう》『ワイマル共和国』中公新書44ページ参照）以上であった、と言えるであろう。彼は近衛兵や国王の軍事顧問団を時代錯誤《アナクロニズム》であると考えていたし、その頃ようやく増加してきた工場労働者《プロレタリアート》を一層保護し、農奴の実質的解放を促進するという、いわば社会政策が採《と》られねばならぬ、と主張していたほどであった。そして当時のプロイセンにおいては、さらに重大な急進意見なのであるが、軍事大臣は国王に対してではなく、国民に対して責任を持つ、という見解を抱《いだ》いていた。国民皆兵《かいへい》という以上、論理的帰結はそこにゆくと言うのである。

まさにこの理由で、国王もユンカーも最後まで「国民皆兵法」(Wehrgesetz) に反対したのであった。このいわくつきの法律が成立したのは一八一四年九月三日、つまりナポレオンが退位し、ウィーン会議がはじまるほんの少し前のことである。

ボイエンの理想と相反する現実

特に問題となったのは「後備軍」(Landwehr) の構想である。これこそボイエンが特に期待していたものであった。これは一種の在郷《ざいごう》軍人組織であるが、全国的な「国民軍」構想に基づいていた。もちろん訓練は常備軍のように厳《きび》しくはないし、一般社会から隔離されていないから自然に急進的な社会運動にも晒《さら》されることになる。そしてその指揮者である将校は、常備軍のユンカー出身将校ではなく、だいたいは中産市民階級《プチ・ブルジョワ》の出身である。国王やユンカーたちが、こうした型の軍隊に難色を示したのも無理はない。

それは、国家が軍を維持するのでなく、軍によって国家が保持されるという歴史を持つプロイセン軍にあっては、たしかに相容《あいい》れない存在であったのである。そして国王・貴族側から言えば、この懸念《けねん》は当たったのである。というのは、一八四八年の「ドイツ三月革命」の時に、動員令に応じなかった部隊は、後備軍のみであったから。もちろん命令を受けた常備軍のすべての部隊は出動して、市街戦で革命派を鎮圧した。

ボイエンの「国民のための軍隊」という理想は、近衛師団の問題で、もっとはっきりと国王の意志によって押し潰《つぶ》された。国王は、従来どおりプロイセン軍はホーエンツォレルン家の個人的所有物である、という考えから脱却することができなかった。そして当然のこととして、新しい近衛旅団を創設しようとしたのである。

ボイエンは反対した。しかし、何よりもまず国民に対してではなく国王に忠誠なる将軍たちは、近衛旅団を作るのに少しも異論のあろうはずはない。ただ一人、首相格のハルデンベルク公は、ボイエンの思想には共鳴しつつも、積極的に応援するファイトを示すにはあまりにも年老い、あまりにも円熟しすぎていた。シュタインはすでに遠ざけられ、グナイゼナウも中央に対する発言力の乏《とぼ》しいところにあって、ボイエン一人ではどうにもなることではなかった。そして新しい近衛旅団が創設され、それはまもなく軍団相当の大編成のものになった。

一方、軍事省の機構のうえでもボイエンの意のままにならないことが多かった。はじめから参謀本部と競合関係にあった高級副官部は、その長を国王自身が直接親任《しんにん》すると言い出したため、これは昔の軍事内局と同じことになった。つまり、軍事大臣の統制《コントロール》から離れ、国王の私設機関になったということに等しい。

さらにボイエンの思想と相容れなかったのは将校団である。ナポレオン戦争の頃は、対ナポレオン戦争がフランス軍占領下のプロイセンにとっては解放戦争であったという事情によって、市民や学生層から多くの人びとが軍隊に志願し、それとともに非ユンカー系の将校が全将校の四〇パーセントを占めるところまでいった。しかしナポレオンが退場して緊急事態が解除されるや、非ユンカー系の将校は「将校として不適」という烙印《らくいん》を押されて続々と排除されたのである。ユンカー系将校たちは、自分たちと育ちの違う将校が将校団に加わってきたことによって、かえって警戒心を起こし、内部結束を固め、戦後になると早速《さっそく》異物を排除したのであった。つまり急進的な軍事大臣が就任した頃に、すでに各連隊では反動的収斂《しゅうれん》作用が起こっていたことになる。それは特に幼年学校に顕著《けんちょ》に現れてきた。

幼年学校のことをドイツ語でKadettenschule《カデッテン・シューレ》という。このKadett《カデット》は元来、フランス語から（結局はラテン語から）きた言葉で、「小さい頭」という意味である。「小さい頭」というのは一家のなかの子どものことであるが、ドイツのカデットは同じ「一家のなかの子ども」でも、その「一家」は伝統的に貴族の血統の家のことであった。そしてカデッテン・シューレは「若殿ばらの学校」なのである。当然のこととして、プロイセンの幼年学校ではユンカー出身の子弟が伝統的に優遇され、そうでないものが差別される傾向が強かった。もちろん、こういうのはボイエンの意図に反することであったが、それを変えることは容易にできなかったのである。

ボイエンについてもう一つ言っておいてよいことは、彼がカント狂と言ってもよいほどのカントの崇拝者であったことである。

カント哲学はすでに一七九〇年の旧士官学校（école militaire）時代にも、フリードリッヒ大王の意向に添ってすでに将校養成のためのカリキュラムに入れられていたが、ボイエンは特にプロイセン将校の知育と徳育の根幹として、カント哲学を徹底的に強調した。特にカントの道徳哲学におけるカテゴリッシャア・インペラチーフ（定言的命令）が彼の気に入ったようである。これは絶対無条件の命令であって、義務なるが故《ゆえ》に義務を尽くすことを重んじ、感情に左右されることを排斥《はいせき》することになるが、これこそ軍人の倫理《エテーク》に最もふさわしいと考えられたのである。

シャルンホルスト以来、プロイセンの参謀本部は、知的な明晰《めいせき》さと道徳的・倫理的敏感さを重視した。しかるに軍事は殺人を含む。平和主義者《パシフィスト》の倫理ならば何の難《むずか》しいこともないが、軍人の倫理的立場は充分な道徳的反省がない時は、殺人機構のために働く蛮族《ばんぞく》を作るおそれがあるので、それだけ難しいと言わなければならない。プロイセンの参謀本部の創立者たちがなぜ最もラディカルな民権伸長論者であったかもこれによるのである。政治的な発言権を持たない人間を徴兵することは、ボイエンたちにとって許しがたい罪に思われたのである。

またカント哲学における厳粛な義務感は、プロイセンの将校を「軍人宣誓」（militä-rischer Eid）に徹底的に忠実ならしめるに絶大な効果があった。その後のプロイセン軍の類を絶した精強さの源《みなもと》もここにあり、ヒトラーによってもたらされた悲劇もここにあると言っても過言ではないであろう。参謀本部はなぜ仲の悪いヒトラーのために作戦を立案したかと言えば、それは合法的な国家の主権者には絶対無条件に服従するという「軍人宣誓」に縛《しば》られていたからにほかならない。その重さがカントと結びつくところが、いかにもドイツ軍の特色であった。

改革思想の余燼《よじん》(2)――グロルマン

ボイエンが軍事大臣の頃、軍事省第二部、つまり参謀本部の部長だったのは、グロルマン(Karl Wilhelm von Grolmann. 一七七七―一八四三)であった。

彼はヴェストファーレンの貴族の出身で――つまりユンカーではなく――、父は高級司法官であった。彼は大尉の頃からシャルンホルストの感化を受け、一八一三年に参謀少将となり、一八一五年六月の「ワーテルローの戦い」においては、ブリュッヘルの兵站《へいたん》部長としてグナイゼナウを助けた。彼は、一八〇九年の戦いの時にオーストリアに協力してフランスに当たろうとしたシャルンホルストの計画が国王に拒否された時には、憤慨してスペインに出かけ、「外人部隊」に参加するほどの熱血漢でもあった。彼は威風堂々たる巨漢でライオンを思わせる風丰《ふうぼう》を持ち、自尊心は高く志操《しそう》は堅固であり、自己を信ずること極《きわ》めて深かったので、どこにおいても目立つ人物であった。

そして彼の指導の下《もと》に軍事省第二部は一八一七年に正式に「参謀部」(Generalstab) という名称を用いるようになったのである。

グロルマンが参謀部を指導した方針は、徹底的なる知的要因、特に科学的知識の重視であった。これは別の言葉で言えばブルジョワ的教育理念なのであって、当然のこととして伝統的に封建的なプロイセン陸軍においては異質なものと受け取られ、多くの将校の反撥《はんぱつ》を招いたのであった。一般将校たちは従来の幼年学校の教育で充分であると思っていたが、グロルマンは知能の一般的啓発、技術的知識、自然科学が、将来の将校にとって絶対不可欠な条件であり、幼年学校の教育だけでは不充分であるとしたのである。近代的科学知識が軍事といちはやく結びついていたことは、すでにフランスの「エコール・ポリテクニック」がそうであったが、それを参謀部の重要な仕事としたことがプロイセンの特徴であった。

また、グロルマンは、参謀部将校に狭い階級意識が出ることを予防するために、参謀部勤務と連隊勤務を定期的に交替せしめるようにした。つまり、今日で言うローテーション勤務を制度化したのであった。このことは、連隊勤務によって肉体を鍛《きた》えせしめるとともにに、参謀部が将来の軍のリーダーを作る機関であろうとしていることを示すものでもある。また将校養成のほかにも、グロルマンは、参謀部の仕事の性質・機能をより明確にするような種々の方策を実施した。

まず参謀部の最も本質的な仕事は、近隣諸国の軍隊に関する諸種のデータを蒐集《しゅうしゅう》し、あらゆる可能な軍事状況の発生を検討し、そのすべてに備えての動員・展開計画を立てることとされた。平時における準備の徹底的強調である。

したがって、グロルマンの注意は道路網の整備に向けられた。彼はプロイセンの置かれた地理的条件を勘案《かんあん》して、たえず多正面作戦を採《と》らざるをえなくなる事態を考慮しなければならぬ、と考えた。しかもプロイセンには、国境に当たる地点にはどこを探しても天然の要塞《ようさい》になるような大山脈がない。この欠点を補《おぎな》うのは内部の連絡をよくして、内線作戦の利点を徹底的に利用するしかないということになる。ひとたびこのような視点に立てば国内道路の整備がキー・ポイントになることは明らかであろう。古代ローマは、その大帝国を維持するために大軍用道路網を持っていたことがよく知られているが、近代になってから徹底的に道路重視をはじめたのは、プロイセン参謀本部であり、これはヒトラーのアウト・バーンまで続いている。

機構のうえではグロルマンは、一八一六年に参謀部を三つの戦争舞台担当班に分け、さらに戦史部門を作った。戦史の検討ということが参謀部の重要な仕事の一つとなり、これはとりもなおさず参謀将校の教育手段になった。だいたいにおいてグロルマンの考え方はマッセンバッハ・プランのうえに置かれていたと言ってよいであろう。

しかし一八一九年に、軍事大臣をしていたボイエンが後備軍の拡張案を国王に拒否されて辞任すると、グロルマンも一緒に辞めてしまった。かくしてシャルンホルスト以来の急進的改革思想家たちは、プロイセンの陸軍からほとんど姿を消したことになる。まことに世は挙《あ》げてメッテルニッヒの時代であった。

軍縮時代のヨーロッパで突出した軍費

フランス革命からナポレオン没落までの約四分の一世紀のヨーロッパは戦乱に次ぐ戦乱であり、各国とも戦いに倦《う》んでいた。それでナポレオン戦争が終わるやいなや、自発的な軍縮がはじまった。

軍事に関しては、その費用の削減《さくげん》をほとんど唯一の目的と考えていたイギリス議会は、ワーテルローの戦いの当時六十八万五千いた陸軍兵を、たった六年間に十万に減らしてしまった。しかもこの十万のうち五万は植民地にまわして議会の目が届かないようにされた。つまりイギリスに関するかぎり、議会の承認する兵力は六年間に十二分の一以下になったことになる。これは税金支払者《タックスペイヤー》の代表者たる議会がいかに軍費を嫌うものであるか、その権力がいかに大きいものであったかを示す好例である。そして勝ち誇ったウェリントンの陸軍をこれほど大幅に削《けず》ることができたこと自体、イギリス社会の特質を際立たせている。

大陸のフランスにおいては、ブルボン王朝の復活とともに徴兵制は廃止され、一八一五年十一月二十日の「第二パリ条約」によって同盟四カ国が治安維持のため十五万の兵力をフランスに駐屯《ちゆうとん》させ、その費用はフランスの負担となった。そしてこれがのちにフランス軍の規模になったが、それは大革命以前のアンシャン・レジーム時代の兵力よりも小規模ということである。しかも敗戦国とて士気は上がらず、この十五万の枠《わく》を志願兵によって満たすことはできないので、一八一八年には制限徴兵法が制定された。これによると毎年、徴兵年齢の壮丁《そうてい》より四万人を選び、六年間兵役に就《つ》かせるというのであった。いわば、選抜徴兵制が実施されたのである。その後、一八三〇年の「パリ七月革命」によって軍の規模は二倍になり、兵役義務も一年延期されたが、この国防軍は訓練不足のものであった。

その後、一八四八年に「パリ二月革命」が起こり、ナポレオン・ボナパルトの甥《おい》のルイ・ナポレオン（Louis Napoléon. 一八〇八―七三）が大統領に就任した時も、フランス国民の厭《えん》軍《ぐん》感情はなくなっておらず、国民総徴兵制度の復活が憲法議会に動議された時も、賛成百四十票対反対六百六十三票で否決されたのである。

ロシアにおいては皇帝アレクサンドル一世（在位一七七七―一八二五）の唱える「ロシア軍の規模はプロイセン軍とオーストリア軍の合計と同じたるべし」という方針に従って規模が取り決められた。当時のロシアにおいてはイギリス、フランスなどの西欧先進国のようにうるさい中産階級とか議会を考慮する必要がなかったので、皇帝の意志どおりに、ナポレオン没落後も徴兵制は続けられ、七十五万の大軍が維持されることになった。これを支えるための費用は、国の歳入の三分の一に上《のぼ》ったという。

注目すべきことは、ロシアの軍制がプロイセンのそれに酷似《こくじ》していたことである。それはナポレオン戦争にあたってロシア皇帝の帷幄《いあく》にあって計画を立てた主要人物の多くが、プロイセンの軍人だったことや、一八一三年以来の共同の軍事作戦において、ロシア皇帝とプロイセン王が軍事大権《たいけん》を交互に持ち合ったことなどにもよるのである。参謀本部の場合も、ニコライ一世（在位一八二五―五五）は、プロイセンの組織をそっくり真似《まね》ている。

以上のヨーロッパ諸国に対して、プロイセンの立場は異《こと》なっていた。その国家の存立は、フリードリッヒ大王以来、一《いっ》にかかって精兵にあるのに、人口や国富から言えば他の列強からはるかに引き離されて少なかったからである。それでもナポレオン戦役《せんえき》後も、徴兵令は維持され、正規兵は十二万五千であり、そのほか後備兵を擁《よう》していた。男子人口の三分の一は充分なる軍事訓練を受けており、ただちに戦闘状態に入れるような態勢になっていた。このためプロイセンにおける軍事関係の国家支出は、他の国に比べてずば抜けて大きく、時として国家予算の五〇パーセントに達したのである。これはプロイセンが文字どおり軍国であったことを示す数字と言えよう。したがって、その後のプロイセンにおける進歩主義的運動は、すべて軍と軍費の抑制に関係していると言ってもよいのである。しかしイギリス流の「文官優位《シビリアン・コントロール》」という考え方は、当時のプロイセンにあってはいまだに冒瀆《ぼうとく》に等しく、王の軍は王の軍人によって支配されることは当然とされ、それは第一次大戦に敗れるまで続くのである。

第一に、一八四八年に憲法が制定されてからも、「軍人宣誓」は国王に対してなされ、国家や憲法に対してなされたのではなかった。プロイセンでは反軍はとりもなおさず反プロイセンということに等しかった。ボイエンやグロルマンが退いたあとにも多少の「ジャコバン派」の軍人がいて、一八四八年の革命勃発《ぼっぱつ》（ドイツ三月革命）の時に、革命派に同情を示したが、こうした青年将校はこの革命が失敗したあとにすべて追放された。その何人かはアメリカにわたって南北戦争に参加し、北軍に加わって奴隷解放のために闘ったことが知られている。またフォン・ヴィリッヒのような人は、将校を辞めて大工になり、ロンドンにわたって急進社会主義者のグループに交わり、工場と兵営を結びつけ、「社会主義的軍事独裁」という構想を作り出したりした。

しかし、プロイセン軍の大黒柱《だいこくばしら》たるユンカー貴族出身の将校たちは、依然《いぜん》として貧しく、断乎《だんこ》として保守的で、骨の髄《ずい》まで国王に忠誠であった。ここでユンカー貴族と言ったが、それはドイツ語を直訳すれば「貴族」となるだけであって、われわれが一般に「貴族」と言った時に頭に描くのとは大いに違ったものである。むしろ「士族」あるいは「武士」と訳したほうがイメージとしては合う場合がある。

第一に彼らは貧乏であった。もちろん比較的豊かなユンカーがいないでもなかったが、元来はあまり地味《ちみ》の豊かでない土地を世襲《せしゅう》していた彼らは、資本主義・産業主義に向かう十八世紀末から十九世紀を通じて着実に窮乏《きゅうぼう》化していったことは、日本の武士の場合とよく似ている。

たとえばフォン・デア・ゴルツ元帥（Colmar von der Goltz. 一八四三―一九一六）の回想録によると、当時の東プロイセンのユンカーの生活は、日本の田舎《いなか》の小地主程度のようである。家も藁葺《わらぶ》きで、屋敷には小さい池がある。自慢になるような財産としては石作りの煖炉《だんろ》があるだけである。しかもこの程度の屋敷すらも維持することはすでに困難になっていて、結局売られてしまう。現金収入があまりにも少ないため、元帥の母は、その子を桶屋《おけや》の小僧にしようと考えたぐらいであった。

一八二〇年頃から第一次大戦にかけてプロイセン（ドイツ）陸軍の中心部にあった人たちは、シュリーフェンを例外として（彼の両親はまだかなりの土地を持っていた）、モルトケ、ヴァルダーゼー、ヒンデンブルク、ゼークトなど、いずれもユンカーとは言いながらも、貧困の果《は》てに土地を手放さなければならなかったような貧困「士族《ユンカー》」の出身であった。経済的に貧しくても気位が高い家庭の子弟は、ストイックになる傾向があって、スパルタ的訓練にも喜んで耐《た》えるようになるものであることは、洋の東西を問わない。貧乏ユンカーの子弟は金のかかるブルジョワ学校に行かないで（つまり、行けないで）、幼年学校《カデッテン・シューレ》に行った。彼らの理想の生活は市民的幸福ではなく、義務の遂行《すいこう》であり、命令に対する絶対服従であり、献身《けんしん》であり、滅私奉公《めっしほうこう》であった。

もちろん彼らの忠誠の対象は、自分たちの血の奉仕のおかげで物質的にぬくぬくと繁栄しているブルジョワ市民階級（このなかには元来、異邦人のユダヤ人も少なくない）でもなければ、かつて自分たちの階級の所有物であった農奴《のうど》やその子孫たちであるはずもなかった。彼らが喜んで忠誠を捧《ささ》げる対象は自分たちの先祖たちが、代々何百年も仕えてきたホーエンツォレルン家の当主、つまりプロイセン国王以外の何者でもありえるはずがなかったのである。

かくしてナポレオンなきあとのヨーロッパで最強・最精鋭で、最も合理的に統率された軍団は、その心情において徹底的に封建的でありうることを示したのであった。

参謀本部の独立

歴史には偶然が大きな役割を持つ。軍事省第二部に属していた参謀部が軍事省から独立した機関となるのも、実は人事のことで「年次」という末梢《まつしよう》的なことが問題になったからにすぎない。

ボイエンとグロルマンが連袂《れんぺい》辞職したあとに軍事大臣に任ぜられたのはハーケ伯爵

(Graf von Hake) であり、軍事省第二部長に任ぜられたのはリリエンシュテルン少将(August Rühle von Lilienstern) であった。

ハーケは以前シャルンホルストがジャコバン的ということで一般軍事部長を免《めん》ぜられた時、その後任となった国王お気に入りの忠実な番頭的軍人であり、シャルンホルストの動静観察のスパイ役もやったことのある男である。

これに反しリリエンシュテルンは、中尉の頃からシャルンホルストに特別に目をかけられた非ユンカー系の将校である。彼の父はフランクフルト付近に領地を持っていた家系の出身で、後に貴族の称号を受けた軍人であった。そしてリリエンシュテルンは後備軍問題ではシュタイン国家男爵の顧問もしたことがあった。つまりはシャルンホルスト系の「ジャコバン派」参謀将校の一人だったわけである。

ハーケとリリエンシュテルンの間がうまくゆくはずはない。たまたま軍事省第二部のなかの参謀部担当になったのが、中将ミュフリング男爵 (Friedrich Karl von Müffling) である。彼は一八一三年の戦いではブリュッヘルの兵站部長をやり、ナポレオン戦争後は、フランス駐留プロイセン軍の指揮官もしていたことがあったが、守旧派の軍人で、国王の信任が特に厚く、宮廷保守派との関係もよかった。

この彼が軍事省の機構上ではリリエンシュテルンの下に付くことになったのだから具合が悪い。特にミュフリングのほうは、先任将校で位も上であったから、命令が下の者から出ることになって特に具合が悪い。それで彼が参謀部長に任ぜられた一八二一年以後、軍事省第二部に属していた参謀部は、参謀本部となって切り離され、軍事大臣に属せず、軍事大臣の顧問機関となったのである。もちろん参謀本部は軍事大臣の意に反したことをすることは許されなかったけれども、同時に軍事大臣のほうも参謀本部と協議することを義務づけられていたのであるから、将来において参謀本部が独立性を強めてゆく手がかりが与えられたと言ってよい。

この事態の進展を聞いて当時中枢部を離れていたグナイゼナウは大いに喜んだ。これこそマッセンバッハ・プランのなかの最大眼目《がんもく》であった帷幄上奏《いあくじょうそう》に一歩近づいたものだからである。急進派グナイゼナウは、この点に関しては、反動派のミュフリングの支持に回ったので注目を惹《ひ》いた。

そして四年後の一八二五年には、軍事省第二部は解体し、参謀本部は名実ともに独立し、軍事省の並行機関となった。しかしマッセンバッハやシャルンホルストやグナイゼナウが望んだように帷幄上奏権《いあくじょうそうけん》は与えられず、依然《いぜん》として軍事大臣の諮問《しもん》に応ずるにすぎなかった。しかも平和が長く続いたため、諮問されるようなこともほとんどなく、参謀本部は単なる立案事務所と化して日の当たらない片隅《かたすみ》に捨ておかれ、ほとんど誰の目をも惹《ひ》かないものになった。第一、ミュフリング自身、若い将校時代に実戦を経験しただけで、あとは本部付将校であったり、あるいは外交任務に就《つ》いたりしていたので、来《きた》るべき戦争の作戦計画を立案して、将校を教育するといった方面の仕事には不適当な面もあったと言ってよかろう。

軍事省、参謀本部、軍事内局——拮抗《きっこう》する三つの勢力

同じ頃に軍事省第三部のほうも独立した。この第三部は、元来《がんらい》高級副官部であったが、軍事省から分離独立を遂《と》げたことによって昔の軍事内局が復活したと同じことになったと言えよう。一八二四年、この軍事内局は、ヴィッツレーベン少将（Job von Witzleben）の下に置かれた。彼は明敏、勤勉で、しかも思想的には保守的傾向が強く、国王の信任も厚く、のちには（一八三三）軍事大臣にもなった人である。彼の軍事内局は陸軍の人事を握《にぎ》っていたので、まもなく強大な力を得て、動員のような本来は参謀本部の仕事にまで、

ヴィッツレーベンが国王の諮問に個人的に応ずるような具合であった。

このようにしてプロイセン軍のなかには、軍事省、参謀本部、軍事内局の三つの独立した勢力が拮抗《きっこう》することになり、これが第一次大戦の終わりまで続くのである。このうち軍事省だけが立憲体制内の正式の制度であって、あとの二つは国王個人との関係が大きくものを言う機関である。

そしてこの頃は、ヴィッツレーベンの軍事内局の力が大であった。そしてヴィッツレーベンの後継者はその女婿《じょせい》のマントイフェル（Edwin von Manteuffel. 一八〇九―八五）である。彼は国王の信任も厚く野心的であったため、その率《ひき》いる軍事内局の力が圧倒的なものになった。参謀本部が力を得てくるのは、モルトケの登場以降である。

このように独立はしたが、大した力のない参謀本部を率いてミュフリングは、機構改革をやり、参謀本部を三部門に分けた。そして第一部は、人事を担当し、第二部は、組織、訓練、用兵、展開、動員計画を担当し、第三部は、技術問題、特に火器の問題を担当することになった。一八二一年頃のベルリンの参謀本部には十八名の士官がいて、その内訳《うちわけ》は少将二名、少佐九名、大尉三名、中尉四名であった。このうち十三名が貴族出身で五名が平民出身である。そして参謀部にはまた三名の士官のいる陸地測量部と、三十五名の士官のいる地誌部が付属していたが、このうち半数以上は平民出身者によって占《し》められていた。このことは、依然として技術関係部門に中産階級出身の将校が進出しやすかったことを示している。このほか各軍団本部に勤務している参謀将校が二十七名、師団司令部付の者が二十名、海外駐在武官が六名いた。つまり全体で参謀関係将校は百九名の規模である。

ミュフリングは、思想的にはシャルンホルストとは反対であったが、参謀本部の本質的な仕事として将校教育を重んじた点では充分その衣鉢《いはつ》を継ぐ者であった。彼は参謀将校を偵察の目的で旅行させるというシャルンホルストの方法を復活した。そして兵棋演習《クリークスシュピール》を考え出す独創性をも持っていた。また、プロイセンが置かれた地理的条件は、たえず多正面作戦の危険に晒《さら》されている、というフリードリッヒ大王以来のプロイセン軍首脳部の持つ伝統的強迫観念を踏襲《とうしゅう》していた一人である。フリードリッヒは、これを振り切るためにシミュレーションとしての予防戦争をやらなければならなかったが、ミュフリングは専守防衛の見地から仮想戦場の作戦を立てていたようである。

些細《ささい》なことであるが、ミュフリングは参謀将校の服装を華麗なものにした。上衣は紺色で、襟章《えりしょう》と袖章《そでしょう》は洋紅色《カーミン》、それに銀糸の刺繍《ししゅう》がしてあり、ズボンは白地、肩章は銀色、そして帽子は白い羽根の付いたツヴァイ・マスター帽である。

また、彼が参謀本部長の時代から、参謀本部とベルリンの有名な出版社であるミッテラー社との特別な関係ができたことを付け加えてもよいであろう。このおかげでミュフリングの頃から約百二十五年間、参謀本部の出版物の全部とその他の軍事関係の書物の大部分は、この出版社から出るようになったのである。ミュフリング自身、参謀将校用のハンドブックを編纂《へんさん》したほか、対ナポレオン戦争（一八一三―一五）に関する詳細な記録を残している。

この時代はプロイセン陸軍の首脳が、その知的伝統を確立しつつある時代であった。かのリリエンシュテルンは教育総監となり、クラウゼヴィッツは士官学校の校長であった。特に後者がその後の百年間の戦争思想を左右した名著『戦争論』を書いたのは、ミュフリングの下においてであった。

二つの戦争理論と国家の運命

二冊の本がその後のフランスとドイツの運命を、つまりヨーロッパ大陸の運命を決定したと言ったら誇張のように聞こえるかもしれない。しかし十九世紀の後半に、オーストリアとフランスという二大陸軍国がプロイセンによって、短期間に、簡単に、しかも徹底的に粉砕《ふんさい》され、ビスマルクによってプロイセン中心のドイツ統一が成立したことが、ヨーロッパ大陸の近代を決定した、ということが許される限りにおいて、ヨーロッパの運命はまさに二冊の軍学書によって決定されたのである。

その一冊はジョミニの『戦争術概要』(Précis de l,art de la guerre, 1831) であり、もう一冊はクラウゼヴィッツの『戦争論』(Vom Kriege, 1832-34) である。両者ともナポレオン戦争に参加し、実戦の経験も、参謀将校としての経歴も豊富で、両人とものちに大将に昇進し貴族に列せられている。この二人はそれぞれナポレオン戦争の体験や戦史の知識を素材として軍学書を書くのである。ジョミニの書はただちに大きな反響を呼び、ヨーロッパ各国の軍隊で争って読まれた。これに反し、クラウゼヴィッツの本は、プロイセン参謀部外ではほとんど知られなかった。

そしてその決算は、それから約三十年後の普墺《ふおう》戦争と普仏《ふふつ》戦争に現われる。深い哲学的考察が三つの国の運命に重大な影響を及ぼしたのだ。つまり、深遠な戦争哲学を学んだプロイセンは勝ち、哲学抜《ぬ》きの戦争術を学んだオーストリアとフランスは完膚《かんぷ》なきまでに敗れたのだ。まことに深き思想の力の大きいことは、恐るべきものと言わねばならない。

ジョミニ（Antoine Henri Jomini. 一七七九―一八六九）は、元来スイス人である。銀行員としてパリに勤めている間にスイス革命が起こったためスイス軍に身を投じ、本部幕僚や大隊長として、スタッフとラインの両方の経験を積んだ。その後、ネー将軍に見出《みいだ》され、ナポレオン軍に入って高級副官、あるいは幕僚長としてほとんどすべての主要作戦に従軍し、その功によって男爵を授《さず》けられた。しかし、のちにナポレオンの参謀長であったベルティエと合わず、それでロシア軍に参加し、大将に昇進し、露土《ろと》戦争に参加したり、軍事教育に当たったりしていたが、一八二九年以降はブラッセルに定住し、晩年の四十年間は軍事の研究、特にナポレオンの戦争の研究に従事し、その影響は甚大《じんだい》であった。

ジョミニはまずいろいろな戦闘の実例を集めてそれを分類してみせた。そして戦術と補給問題《ロジスティックス》を切り離し、単なる戦術を超えた戦略構想の重要性を強調し、その根本原則を抽出した。その取扱いと結論を引き出す明快さの故《ゆえ》に、ただちに絶賛を受けることとなった。彼はナポレオン戦争を扱いながらも、軍事における天才を重視しなかったところに特徴がある。

彼は、戦争は混乱状態でも混沌《こんとん》でもなく、その現象のもとには普遍的な法則を見出しうるものだという立場を打ち出した。これは当時の自然科学思想、特に唯物論《ゆいぶつろん》の盛行《せいこう》とも一脈通じている。自然現象は一見複雑で無規則のように見えるが、その背後には普遍的法則があるということは常識になっていた。ジョミニの人気の理由の一つは、こんなところにもあったと言えよう。

したがって、ナポレオンの天才というのは、芸術的天才というよりは科学的天才に近い、と解釈されうる。ナポレオンは戦争の背後にある諸原理を巧妙《こうみよう》に利用したにすぎない。何かを創造したというより、普遍的な原理の応用者だったと言うのである。彼の勝因は戦術的先制、敵の連絡や補給線の遮断《しやだん》、決戦場への大軍の集中、敵軍の一部だけをまず叩《たた》くこと（先制攻撃）、高機動力で敵を驚かすこと（高機動性）、追撃の急《きゆう》なること、などなどである。これらをジョミニは戦争で勝つための原則とし、ナポレオンをその巧《たく》みな応用者と見立て、同時に、他の軍人も、これを勉強すれば優《すぐ》れた司令官になれると考えたのである。またジョミニは内線作戦（敵に包囲・挟撃《きようげき》される位置での作戦）と外線作戦（内線作戦の逆）を分け、前者の有利なることを指摘した最初の人でもある。

しかしジョミニの軍学を流れる特徴は、一口に言って十八世紀への逆戻りということである。作戦のラインに注意を向け、図解を重んじ、戦術があたかも幾何《きか》学のような様相を呈《てい》しているのである。戦争を科学《サイエンス》として、あるいは技術《アート》として把握したため、ナポレオン戦争の解釈も、フランス革命、産業革命、武器革命、散兵線の出現などの複雑な要素に対する充分な洞察なしに、行なわれることになった。このような戦争の技術を学習することは、プロの軍人にはむしろやりやすい、肌《はだ》に合ったことであった。ジョミニの人気はそこから出たわけであるが、図式化された戦術を学習するという快適さは、バロック・ロココ時代の戦争と通じていることを見過ごすわけにはゆかない。果たせるかな、この戦争の「技術」は、新しい戦争の「哲学《フイロソフイー》」によって粉砕されることになるのである。

クラウゼヴィッツの〝野心〟

この「哲学」を編《あ》み出した人物が、クラウゼヴィッツ（Karl von Clausewitz. 一七八〇―一八三一）なのであった。

彼の家は元来貧しい小貴族で、曾祖父はライプツィヒのプロテスタント牧師、祖父はハレ大学のプロテスタント神学教授、父は七年戦争の頃に守備連隊の中尉としてプロイセン軍に属していたが重傷を負い、退役して税務署の下《した》っ端《ぱ》役をもらった。母は町役場に勤める平民の娘であった。貧しいために普通の教育コースを断念し、十二歳でプロイセン陸軍に入り、十四歳で士官に任ぜられた。瘦身《そうしん》、美貌《びぼう》でゲーテに似ていたという。頭のよいところをシャルンホルストに見込まれ、その愛弟子《まなでし》となった。

　思想的には、いわゆるプロイセン陸軍の「ジャコバン派」に属していた。ナポレオンがロシアに侵攻する直前にロシア軍に参加し、参謀将校として戦略的退却の成功に一役買った。同じく「ジャコバン派」のボイエンによって参謀将校としてプロイセンに呼び戻され、ワーテルローの戦い（一八一五）の時には第三軍団の参謀長であった。

　ナポレオン戦争の終わった三年後の一八一八年にベルリンの士官学校（Kriegsschule）の校長に任ぜられ、その後十二年間その職にあったが、比較的閑《ひま》だったこの間に、それ以前から書き溜《た》めていた著作を飛躍的に充実させた。この期間、彼は一人で閉じこもって、古今の戦史を読み、それについて沈考に沈考を重ねたのである。そのため「クラウゼヴィッツはしょっちゅう一人で酒を飲んでいる」というあらぬ噂《うわさ》が高まったほどであった。

　しかしその著作が完成しないうちに、一八三〇年、砲兵隊に転任し、翌一八三一年、ポーランド叛乱《はんらん》鎮定軍の司令官グナイゼナウの参謀長としてブレスラウに赴《おもむ》いた時、コレラにかかって死んだ（グナイゼナウも同じくコレラで死んだことは１３３ページ参照）。

　したがってクラウゼヴィッツの主著は未完である。彼は実戦部隊の配属になった時、士官学校校長時代に書き溜めたものを封印し、再び時間に余裕のある仕事に就いた時に書きつづけるつもりであった。もっとも、生きている間に出版する気持ちはなかったらしく、夫人に死後出版してくれるように言っておいたという。その遺言によって、彼の遺稿は一八三二年から三四年にかけて、当時プロイセン皇后女官長をしていた未亡人（旧ブリュール伯爵令嬢）の手によって出版された。

クラウゼヴィッツの残した手記によると、彼は体系的なことに関心を払うことなく、戦争の最重要な諸点について彼が独自に達した結論を、ひじょうに簡明な圧縮された形で述べようと意図したらしい。その際、漠然《ばくぜん》と手本と考えていたのはモンテーニュの『エッセイ』であった。しかしヘーゲルより十年若く、ヘーゲルと同じ年に死んだ彼は、やはりヘーゲルに代表される当時のドイツの知的雰囲気の人であり、共通の知的特色を示すに至ったことはまことに興味深い。彼は研究に没頭《ぼっとう》するにつれて、はじめは関係なくばらばらに書いていった諸現象を連ねるような諸章が書き足され、圧倒的な戦争論体系が姿を現わしはじめるのである。

彼の野心は、二年や三年後に忘れられてしまうようなことのない書物を、そしてこの問題に関心のある読者ならば必ず一度以上は手に取るような書物を書くことであった。そして、その野心は実現されたのである。

「戦争は政治である」

クラウゼヴィッツの『戦争論』は、よくドイツ哲学の悪《あ》しき見本として時に嘲笑《ちょうしょう》されるあのやり方、つまり「定義」からはじまる。「戦争とは何ぞや」と問うのだ。そして「戦争とは敵を屈伏《くっぷく》せしめて、自己の意志を実現するために用いられる暴力行為である」とし、その暴力の内容は技術上・科学上の発明である。その暴力行為にはいかなる限界もない。一方の暴力に対するに他方もそれに対抗する暴力をもって応ずるから、概念上、戦争の相互作用は無限定性に導《みちび》くとする。これこそ十八世紀の制限戦争の概念の対蹠点《たいしょてん》にある考え方であり、フランス革命以後の徴兵制に基《もと》づく近代戦争の本質であったのだ。ジョミニはナポレオンの戦術の現象面に目を奪われて、まさにこの時代の変化に基づく戦争の本質を見落としたのである。

　クラウゼヴィッツは、戦争の無限定性とそれに付随《ふずい》する諸性質を、何人《なんぴと》も異議を挟《さしはさ》むことを許さぬ明快さと徹底さをもって、説きすすめてゆく。国際法上の慣例は、戦争という名の暴力に対する制限であるが、それは極《きわ》めて些細《ささい》なほとんど言うに値《あたい》しないほどのものだと片づけられる。そして戦争の本質に対する考察は意外な方向に発展し、「戦争は他の手段をもってする政治の継続にほかならぬ」という有名な結論に導く。戦争は政治である。いかなる種類の戦争でもすべて政治行動と見なされうると言うのだ。そしてこの戦争観こそが、戦史を理解する鍵《かぎ》となり、戦略を確立するための基礎となると言うのである。これこそ近代の「全体戦争」あるいは「総力戦」の理論の出発点であり、それ以前の戦争論と決定的に袂《たもと》を分かつところなのである。

同じ戦争に従軍した同時代人でありながら、かたやジョミニは戦術を幾何学的ゲームの理論に還元し、かたやクラウゼヴィッツは全体戦争への展望を示したのである。ジョミニの本はただちに喝采《かっさい》を受けたインスタント・サクセスの本だったのに、クラウゼヴィッツのものは、プロイセン以外ではほとんど注目を惹《ひ》かず、一種の時限爆弾となってプロイセン参謀本部将校の頭脳のなかに埋めこまれたのである。

名著は遅れて世に広まる

クラウゼヴィッツが全世界に知られるようになったのは、大モルトケ（第4章参照）

が、クラウゼヴィッツ哲学による「武装国家」の威力をまざまざと世界に示してからのことである。

フランス陸軍がクラウゼヴィッツを発見したのは一八八〇年代のことで、普仏戦争でフランスが手ひどく敗れてからであった。フランスのピエロン（Piéron）陸軍中将も、「もしわが国の将軍たちが一八七〇年以前にクラウゼヴィッツの思想を考慮していたならば、普仏戦争における戦略上の失敗を免《まぬか》れていたであろう」と言って、将来の準備のためにもそれを必読書であると語った。事実、第一次大戦の体験と回想によって書かれたフランスのデブネ（Debeney. 陸軍大将、参謀総長）の『戦争と人』（岩波書店、昭和十九年）を読めば、人はほとんどクラウゼヴィッツを読むような気がするであろう。そして重要な個所は文字どおり同じ表現を用いているのだ。ただ奇妙なことにデブネの本には、クラウゼヴィッツの名前は一度も出てこないのであるが。

そのほかイギリスではすでに一八七三年に英訳が出た。日本においてはその紹介が森鷗《もりおう》外《がい》を通じて行なわれたという点で特別な文化的意味を有する。

明治二十一年（一八八八）にドイツ留学中の鷗外は、同じく留学中の早川怡与造《はやかわいよぞう》大尉のために週二回ぐらい『戦争論』を講読してやったことが知られている。はっきりしたことはわからないが、その年の一月から三月頃までの間に、第一篇の「戦争の本質」の大部分を訳読してやったようである。この早川大尉こそはのちの田村怡与造《たむらいよぞう》中将である。この人は、日露戦争の作戦準備中、参謀総長大山巖《おおやまいわお》の下の参謀次長として、対露作戦の研究指導の中心人物となった（しかし過労のため倒れ、その後任となったのが児玉源太郎《こだまげんたろう》である）。鷗外は帰国して小倉《こくら》に配属された時も、小倉師団の将校たちにクラウゼヴィッツを訳述して聞かせている（明治三十二年十二月より三十四年六月まで）。この時の筆記が、陸軍士官学校訳（フランス語からの重訳）と一緒にして『大戦原理』巻一および巻二として出されている。

日露戦争当時は、ロシア軍もクラウゼヴィッツを研究してきていたのであるから、これを知らなければ日本軍の不利は相当決定的であったと思われるので、この面における鷗外の国家に対する貢献は無視できないほど大きいものであったと言ってよいであろう。

また政治と戦争に関するクラウゼヴィッツの見解は、マルクス、エンゲルス、レーニンなど、共産主義者によって、ひじょうに重視され、広汎《こうはん》な影響を与えた。それは、ゆうに一つの研究課題になるほど濃密な関係があった。対帝国主義戦争理論も多くはここから出ている。そして、現代の「人民戦争」の理論にもその痕跡《こんせき》を残している。レーニンがクラウゼヴィッツから抜萃《ばっすい》を作り、それに傍注《ぼうちゅう》を付けたものまであると言えば、その一斑《いっぱん》をう

◀『戦争論』を著《あらわ》したクラウゼヴィッツ。彼の戦争哲学は、プロイセンの運命だけでなく世界史をも左右するものであった

▲「戦争とは政治である」──「総力戦」への展望を示したクラウゼヴィッツの洞察。その正確さは、その後の歴史が証明した（写真はベトナム戦争）

かがうことができよう。日本でも左翼にクラウゼヴィッツの研究家が少なくなく、その方面の人による翻訳もある。

これはヘーゲル的思考が、マルクシズムとともにクラウゼヴィッツにもあるということでもあろうし、また何よりも第一に、クラウゼヴィッツの『戦争論』そのものの普遍的価値によるものであろう。特にゲリラ戦に関するクラウゼヴィッツの研究は、毛沢東《もうたくとう》の長期戦戦略やベトナム戦争やアルジェリア戦争などを超能力で見透《みす》かしていたかのごとく正確である。

もちろん近代戦そのものに対するクラウゼヴィッツの影響も甚大《じんだい》で、第一次大戦の西部戦線などの悲惨な戦闘は、まったくそのためだとする戦史家（リデル・ハートやフラーなど）もいる。まことにシュリーフェンの言うように、いまでは自明《じめい》のことと思われることの多くが、元を質《ただ》せば彼から出ているのである。今日の長距離ミサイルの発達は、彼の陸戦に関する部分の価値を減《げん》じはしたが、彼の根本的な考え方は依然《いぜん》として有効である、とアメリカ側においてもソ連（現ロシア）側においても、専門家によって等しく認められている。たしかに彼は「二年や三年後に忘れられてしまうようなことのない本を書く」という野心を果たしたのであった。

プロテスタントの風土からのみ発生しうる思想

最後に一つ付け加えておくべきことは、シャルンホルストの愛弟子《まなでし》として急進リベラリストであったクラウゼヴィッツが、晩年著《いちじる》しく「反動派」になったことである。彼は戦史を考察して、国家が潰乱《かいらん》状態にある時、国軍の存在は国家の存立に優先する、という結論を得た。それはナポレオンに敗れたあとのプロイセンの状況にも当てはまるし、ホーエンツォレルン家のプロイセンの歴史そのものが、その真理を証明しているかのごとくであった。

これはまた第一次大戦に敗れたあとのドイツ国防軍の中心思想にもなった。彼の理想はいまや「強い国家」を作ること以外の何ものでもない。「強い国家」にとって、党派は分裂要因にすぎないから、民主主義と「強い国家」とは相容《あいい》れないことになる。「国家」があってこそ「国民」があるという彼の思想は、のちのファシスト哲学者にも深い影響を与えた。この立場からクラウゼヴィッツは、ドイツの統一は、強い軍を持つプロイセンを中心にして作られねばならぬとしたが、これはもちろん、のちのビスマルクの政策を先取りしたものである。そして統一されたドイツ国家の創成が、強力な軍によってのみ可能であったことは、見事に証明されたと言ってよいであろう。

　このようなクラウゼヴィッツの思考の徹底性こそ、いわゆる「ドイツ的徹底性《ドイッチエ・グリュントリッヒカイト》」の典型である。ヘーゲルは思弁《しべん》から演繹《えんえき》的に「国家は世界における神自身の顕現《けんげん》である」というようなことを言ったが、クラウゼヴィッツは戦史の反省から、多分に経験的に同じ結論に到達したように見える。

　あえて言うならば、これは本質的に言ってプロテスタントの風土からのみ発生しうるものであった。「国教」というものがあって、その国の宗教的最高権威が国王でありうるようなところでのみ可能であったのではないだろうか。もちろん、ひとたびそのような考えが出現し、それに基づく組織の有効性が実証されれば、いたるところにそのコピーが生ずるであろうが、このような国家観の最初の発祥地はどうしてもプロテスタントの国でなければならないのである。クラウゼヴィッツの先祖にプロテスタントの牧師や神学教授がいたのは、けっして偶然ではないであろう。

過渡期の参謀本部

参謀総長ミュフリングの弱点は、その実戦体験の乏《とぼ》しいところにある、と考えた国王は、ヴィッツレーベンの忠告に基づいて、一八二九年、彼を更迭《こうてつ》し、後任として戦場派のクラウゼネック（Wilhelm von Krauseneck）を任命した。

彼はバイロイトの法務官の子で、貴族ではない。最初、彼はプロイセン軍参謀部の地図技官として軍人としての人生のスタートを切り、のちに軽歩兵大隊将校となり、戦場における武功によって貴族に列せられた。シャルンホルストの下では新しいプロイセン軍の練兵操典の作成に参加したこともある。特にトルガウの第六師団長として見事な業績を上げ、卓抜《たくばつ》した練兵技能を示したため、国王の注目を受けていたのであった。性格は単純にして実際的で、青年時代の訓練の結果として、古武士的《アルト・プロイシッシュ》な風格があったと言われている。

クラウゼネックが参謀総長に就任した翌年の一八三〇年には、フランスの七月革命が起こり、またポーランドの叛乱《はんらん》が起こったため、プロイセン軍は東西に向かって動員されねばならなかった。幸《さいわ》い、フランス軍との衝突は、危機一髪のところで回避されたけれども、この苦《にが》い経験から彼は西部戦線に「西の壁」と呼ばれる要塞帯を作る構想を練《ね》り上げることになった。元来、市民階級《ブルジヨワ》出身であり、シャルンホルストに接したことのあるクラウゼネックは、多少リベラルで進歩的であって、一八四八年のフランスの二月革命のニュースをも喜んで聞いていたふしがある。しかしその暴動がベルリンに及んでくると、断乎《だんこ》たる秩序派になった。

この年の三月のドイツ革命において、激しい市街戦のあとに民衆を押さえこんだのはプロイセンの正規軍であり、一個小隊として叛乱したものはなく、鉄の規律と国王に対する揺《ゆ》るぎなき忠誠を示した。後備軍には暴動に同情する者があったが、これは元来、国王があまり好まなかった組織である。国王と軍とプロテスタント教会は、急進派からは反動の三位一体《さんみいったい》と見られた。のちにビスマルクが「デモクラシーに対する唯一の答えは軍である」と言った言葉は、彼のユンカー気質を示す言葉として有名である。

クラウゼネックの参謀総長時代（一八二九―四八）に注目すべきことは、のちの普墺《ふおう》戦争や普仏《ふふつ》戦争の立役者たちが参謀本部入りをしたことである。すなわち一八三三年にはモルトケが中尉として加わり、一八三六年にはローンが大尉として加わっている。そのほか、トルコ軍との連携《れんけい》の成立や、陸軍大演習が重要視されるようになったことなどは、クラウゼネックの功績である。

一八四八年三月のドイツ革命の時に軍事大臣をやっていたライヘル中将（von Reyher）は、同年三月十六日にクラウゼネックに代わって参謀総長に新任された。

彼はブランデンブルクの小村の教会オルガニストの息子であり、青年時代は羊飼いをしていたこともあった。それが事務員としてプロイセン軍に入り、しだいに昇進して将校となり、ナポレオン戦争においては最も勇敢な軍人の一人として盛名を馳《は》せ、貴族に列せられた。戦後、グロルマンに認められて参謀本部員となり、のちに近衛師団参謀長として国王の弟ヴィルヘルム公の絶対の信任を得ていた。彼は家系から見ればむしろ革命派に同情的であってもよさそうであるが、完全にプロイセン将校になりきっていた。そして、プロイセンの秩序を乱すような暴動の類《たぐい》を甚《はなは》だしく嫌悪《けんお》した。

参謀総長としてのライヘルの仕事の第一は、何か新しいことをやることではなく、何よりもまず参謀本部の特別な地位そのものを維持することであった。というのは、一八四八年のドイツ革命のあと、国王は議会や憲法を無視して軍事内局の権限を拡大し、軍事問題一切《いっさい》に対して国王自身の大権が直接及ぶようにしようとしたからである。この主役は軍事内局を掌握《しょうあく》していたマントイフェルであった。このため一八四八年四月から一八五一年十二月の三年半の間に、実に六人の軍事大臣が更迭《こうてつ》されている。軍事内局、軍事省、参謀本部の三者のうち、軍事内局は圧倒的に優越する力を持つに至り、一時は軍事内局が参謀本部を吸収する案さえ有力であった。ライヘルはそれを防止することに全力を尽くさなければならなかった。

しかし歴史は皮肉なものである。独立した参謀本部を廃止することを考えていたマントイフェルが、辛《かろ》うじて生き残った参謀本部の総長にライヘルの後任として推薦したのは、何と大モルトケであったのである。そして大モルトケとともにプロイセンの参謀本部は変わり、ヨーロッパの地図が変わり、世界中の陸戦が変わったのである。もちろん明治の日本軍まで変わった。

グロルマン、ミュフリング、クラウゼネック、ライヘルと四代の参謀総長は、それぞれの意味でこの組織の育成に貢献はしたものの、まだ本質的とは言い難《がた》い。本質的な洞察はたしかにクラウゼヴィッツにはあったが、彼は直接参謀本部の形成には与《あずか》らなかった。クラウゼヴィッツの天才的洞察を具体的な形にしてみせる人間が必要であった。

まさにその時に、モルトケが登場したのである。

第4章

名参謀・モルトケの時代

――「無敵ドイツ」を創りあげた男の秘密とは何か

騎士的心情の国王・ヴィルヘルム一世の登場

国王フリードリッヒ・ヴィルヘルム三世（在位一七九七―一八四〇）は、ナポレオンによって完全に打ちのめされながらも、結局は勝者として残り、ナポレオンが没落したあとも二十五年間の長きにわたって、メッテルニッヒ体制のヨーロッパで、ともかく平和裡《り》に君臨した。彼の統治の間にプロイセンはドイツ北部の一小国家たることをやめ、ドイツを北のメーメル川から南のライン川にまたがる長い領域を占《し》める堂々たる国家にし、その人口も六百万足らずから一千万を超えるに至った。ただその人口のなかに多数のカトリック地域を含むに至ったことや、ナポレオン戦争時代の興奮のあまり憲法を約束しながら、一八一五年以降はそれをまったく無視して顧《かえり》みなかったことなどは、将来の紛争の種となるものであった。一方、この国王の下《もと》にプロイセンの参謀本部が、国王が「ジャコバン派」と綽名《あだな》をつけたシャルンホルストとその弟子たちによって人目を惹《ひ》くことなく形成されてきたことは、すでに見たとおりである。

この国王が一八四〇年に死ぬと、その息子フリードリッヒ・ヴィルヘルム四世（在位一八四〇―六一）が即位した。彼は才能豊かではあったが、意志薄弱で臆病《おくびよう》で断乎《だんこ》たるところがなく、身辺はだらしなく、近眼で若い頃から頭の毛が薄かった。よくある例のように皇太子の頃はリベラリストたちを喜ばせるような言動をしていたが、即位するや、彼らを失望させるような君主になっていった。

そしてベルリン市民がプロイセン国王に忠誠を誓《ちか》った四百年記念の一八四八年には、皮肉にもベルリンでドイツ革命が勃発《ぼっぱつ》したのである。これは先に述べたようにプロイセン正規軍に制圧されたが、その翌日には軍隊をベルリンから撤退させ、一人で勝手に革命派と妥協したため、その後、軍はこの国王を頼《たの》むに足らずと信用しなくなってしまった。しかし、ともかくも絶対君主を認める憲法が成立することになったのである。

その後も国王の言動は首尾一貫性を欠き、みんなを困惑させていたが、精神異常と診断されたので、彼の弟が摂政《せっしょう》となり、その歿後《ぼつご》に王位に就《つ》いた。これがヴィルヘルム一世（在位一八六一―八八）である。

ヴィルヘルム一世が即位した時、彼はすでに六十四歳の高齢に達していた。この老人が九十一歳まで王位にあり、その間にオーストリアとフランスという二大国を完全に武力で制覇し、プロイセン国王にすぎなかった彼がドイツ帝国を統一してドイツ皇帝になろうとは誰一人として想像した者はなかった。彼はドイツ革命の時には完全に軍の側に立ち、保守反動の烙印《らくいん》を押されて、のちにイギリスに一時退避することを余儀《よぎ》なくされたぐらいの人であった。しかしヨーロッパの歴史の進行は、この保守的な老人国王によって急激に促進せしめられたのだから、事実は小説よりも奇である。

彼はまず武人であり、絶対に嘘《うそ》のつけない正直者であり、約束の破れぬ律儀者《りちぎもの》であり、騎士的心情の持ち主で、ひとたび裁断を下せば途中で揺らぐようなことはなかったので、よい部下が輩出《はいしゅつ》した。首相ビスマルク（Otto von Bismarck. 一八一五―九八）、軍事大臣ローン（Albrecht von Roon. 一八〇三―七九）、参謀総長モルトケがそれである。のちにヴィルヘルム一世が、フランス王が降伏した夜の祝賀パーティにおいて、「ローンは剣を砥《と》いで準備し、モルトケはこの剣を用い、ビスマルクは外交によって他国からの干渉の入るのを防いで、プロイセンを今日の勝利に導《みちび》いた」という趣旨の言葉を述べたが、それは当たっているとと言うべきであろう。しかし、われわれはここではモルトケに焦点を当てなければならない。

◀クラウゼヴィッツの天才的洞察を、３度にわたる歴史的戦争において体現した男・モルトケ

▼統一ドイツ帝国皇帝ヴィルヘルム１世（右）と“鉄血宰相”ビスマルク（左）。俊秀なる参謀《スタッフ》を活《い》かすには、偉大なる指導者《リーダー》が不可欠である

文学的素養と文学者的外見を持った軍人

マントイフェルがライヘルの後任としてモルトケを参謀総長に推《お》したのは、歴史のアイロニーであると同時に、際立《きわだ》った対照でもあった。マントイフェルはプロイセンの武断《ぶだん》主義の権化《ごんげ》みたいな人で、一八四八年のドイツ革命の時に、せっかく軍が暴徒を鎮圧したのに国王によってベルリンを退去せしめられたことを終生の痛恨事《つうこんじ》とし、革命を鎮圧することしか眼中になかったようにさえ見える軍人である。そして、軍事内局の権限を徹底的に強化して、ライバル関係にあった参謀本部の影を薄くした当人なのに、彼によって選ばれたモルトケは、参謀本部を軍のオールマイティな中心にすることになるのだ。

そしてマントイフェルという典型的なプロイセン軍人の側《そば》に立つと、この無名の新参謀総長は痩身《そうしん》で洗練された身のこなしを持ち、一見、繊細な体格と高い額と薄い唇と尖《とが》った鼻は、文学者のような印象を与えた。事実、彼は趣味においても、一人で上等な葉巻をくゆらすことと、モーツァルトの音楽を聴くことを何よりも愛し、途方もない読書家でもあったのである。最も優《すぐ》れた軍人が、その資質において著《いちじる》しく文学者的であったことは、フリードリッヒ大王、ナポレオン、シャルンホルスト、ゼークトなどに見られるところであるが、その極端とも言うべき例を、われわれはこのモルトケ（Helmuth Ka-rl von Moltke. 一八〇〇―九一）のなかに見出《みいだ》すのである。

モルトケ（のちに出てくる甥《おい》の小《しょう》モルトケに対し、大《だい》モルトケと呼ばれた）は、没落しかけた古い貴族の家に生まれた。彼の父は落ち着きのない人で、はじめプロイセン軍の将校になりながら、のちにデンマーク軍の将校になった。母親は北ドイツの旧家の出身の立派な賢夫人《けんぷじん》で、モルトケの後年の素質は母親系統のもののようである。

彼が幼児の時、田舎《いなか》の屋敷は火事に遭《あ》い、リューベックにあった町の家のほうはフランス軍に掠奪《りゃくだつ》されたため、きわめて貧しい状況の下《もと》に成長し、十一歳でコペンハーゲンにある幼年学校に送りこまれ、十八歳でデンマーク軍の少尉に任官した。少年から青年時代にかけてのモルトケの人生は、物質的に乏《とぼ》しいうえに、没落した旧家の子という暗さがあったようである。そのうえに幼年学校の荒っぽい教育は、彼の繊細な神経にこたえたし、何よりも彼の肉体自体がよい健康状態にあるとは言えなかった。

しかし二十一歳の時、彼は意を決してプロイセン軍に変わった。彼は元来ドイツ貴族であったし、プロイセン軍のほうが将来の可能性が大きいと思ったからである（彼の兄弟にはデンマーク軍に残っていた者もある）。軍籍を変えることは年功序列の軍隊では損《そん》なことであった。しかし彼は二十三歳から二十六歳までプロイセン士官学校に在学し、抜群の成績で卒業した。

とは言うものの、最初の少尉時代はほとんど文無《もんな》しであったため、金を手に入れるために物書きのアルバイトをしている。たいていは匿名《とくめい》で出版されたが、『二人の友人』（一八二七年）という短篇小説もあるし、ドイツの低地地方やポーランドに関する論文もある。三十二歳の時には馬を買う必要からギボンの『ローマ帝国衰亡史』の大著を英語からドイツ語に訳す出版契約までしている。全十二巻を訳して七十五ポンドの印税をもらう約束だったが、一年半で九巻まで訳し終えたところで、版元がその計画をやめたので、モルトケには二十五ポンドしか手に入らなかったという。しかし、こうした知的活動にもかかわらず、モルトケは当時の社会思潮には奇妙なほど冷淡であった。

トルコ軍に招聘《しょうへい》される

その後数年、陸地測量部に勤務し、南ドイツや北イタリアを旅行した。地図作成やスケッチに特技を有していたモルトケは、大尉に昇進して参謀本部に勤務することになり、三十五歳の時にトルコの研究旅行を命ぜられたが、これが彼を形成するうえに大きな役割を果たすことになる。

サルタン・ムハンマッド二世（Sulṭān MuḥammadⅡ．在位一八〇八―三九）は、トルコ軍が時代遅れになったのに気づいて西欧化を図《はか》り、フリードリッヒ大王以来、世界最優秀と考えられていたプロイセン軍の将校を招いたのであった。最初は当時の参謀総長クラウゼネックに報告書を送ることだったのだが、モルトケはベルリンの許可を得てトルコ軍に入るのである。

彼はコンスタンチノープル（いまのイスタンブール）やダーダネルス海峡の両岸を精査《せいさ》したほかに、サルタンについてブルガリアやルーメリア（バルカン半島にあったトルコ帝国領）を訪れたり、対エジプト戦ではトルコ軍司令官の顧問としてアルメニアに出征した。この間、数千マイルの旅行をし、ユーフラテス川をわたり、クセノフォン以来、ヨーロッパ人が訪れたことのない諸地方の地図を作図した。しかしトルコ軍司令官はモルトケの忠告よりも、お気に入りの占星術師の言うことのほうを聞くので顧問を辞め、砲兵隊を指揮させてもらった。トルコはエジプトに敗れたのであるが、最後まで退却しなかったのは、モルトケの砲兵隊だけであった。

彼は言語に絶した辛酸《しんさん》を嘗《な》めて黒海に辿《たど》り着き、それからコンスタンチノープルに帰ったが、彼をひいきしてくれたサルタンがすでに死んでいたので、ベルリンに帰った。一八三九年のことである。彼の健康は、数年余にわたる異境での辛苦のため著《いちじる》しく損《そこ》なわれていた。ただこの間に彼が母や姉妹たちに書いた手紙は、後年にまとめられて『トルコ書簡』(Briefe über Zustände und Belegenheiten in der Türkei 1835-39, 1841)として出版されたが、これには絵も付いていて、当時のトルコに関してはこれ以上の記録はなく、古典の一つと数えられている。

侍従武官《じじゅうぶかん》から参謀総長へ

一八四二年、モルトケは義理の姪《めい》と結婚した。彼の妹はドイツに住む富裕なイギリス人の後妻となっていたが、その先妻にマリーという娘がいたのである。マリーのほうも義母宛《あて》に外国から素晴らしい手紙を書いてよこす義理の伯父《おじ》を敬愛していたので、四十二歳の男と十六歳の娘との結婚は二十六歳の年齢差にもかかわらずスムーズに成立し、その後の生活もまことに静かで幸福なものだったという。

子宝に恵まれなかったモルトケの家庭は、主人の無口もあって、争いがないという意味でも静かであるのみならず、物理的にも物音のしない家であった。彼は上等の葉巻を静かにくゆらしながらクラウゼヴィッツなどを読んだ。そして庭の木が成長するのを眺《なが》めるのを無上の慰《なぐさ》めとしていたのである。

婚約した頃、モルトケはドイツの国境問題に関する論文を書いたが、ここでも彼はクラウゼヴィッツの認識――ドイツは強大な陸軍国に包囲されながらも国防に役立つ天然の要《よう》害《がい》がない――を確認し、プロイセンの行くべき道はドイツ諸邦《しょほう》の統一、つまり統一されたドイツしかないと見てとった。そして革命勢力こそはドイツの安全保障に最も有害と見て、ドイツの統一はプロイセンの武力による以外になし、と確信するに至ったのである。この点、彼とまったく違ったタイプのビスマルクも同じ結論に達していたわけである。この二人があまり仲はよくなかったにもかかわらず、最後まで協力し合ったのは、国王ヴィルヘルム一世やローンの力のほかに、国家の方途《ほうと》に対する根本認識が同じであったからであろう。

結婚した頃、モルトケは『露土《ろと》戦争史』(Der Russische-Türkische Feldzug in der europäischen

Türkei, 1828-29, 1833）を書いたほか、多くの鉄道に関する論文を書いているのが目につく。彼はベルリン＝ハンブルク鉄道の最初の頃の責任者の一人であったが、これは、彼が鉄道の持つ技術問題に精通《せいつう》する機縁《きえん》になった。

彼はその後、参謀本部付《づき》として、ローマに在住しているハインリッヒ親王《しんのう》の副官に任ぜられている。この親王は当時のプロイセン王フリードリッヒ・ヴィルヘルム四世の叔父《おじ》であるが、相当に変わり者でカトリックに改宗《かいしゅう》し、もう三十年近くもローマにいるのだった。しかし彼はここから欧州の動静を細かに観察してベルリンに情報を送っていたのである。モルトケはローマ滞在期間、ローマやその近郊を測量して素晴らしい地図を作り上げた。

この親王が死んだあと、モルトケは軍団や本部の参謀職を歴任し、一八五五年、フリードリッヒ・ヴィルヘルム親王の先任副官となった。この親王は、まもなくイギリスのヴィクトリア女王（その夫君のアルバート公はドイツのザクセン・コーブルク出身）の娘と結婚したので、モルトケも随員《ずいいん》として何度かイギリスにわたる機会を与えられた。このほかモルトケは親王の行く所どこにでも付いて行ったため、パリやモスクワなど、ヨーロッパを広く回遊し、当時の軍人としては稀《まれ》な広い地理的見聞を持つことができたのである。モルトケがこのように親王付《づ》きの期間が長かったのは、彼の容姿が端麗《たんれい》で洗練されており、頭がよくて学があり、しかも政治的な野心のないことが誰の目から見ても明らかであったからであろう。

この侍従武官《じじゅうぶかん》コースに入ったと思われたモルトケの進路が急に展開したのは、例のマントイフェルの推薦で一八五七年、彼が五十七歳の時（彼は一八〇〇年十月生まれなので年齢を見るのに西暦の最後の二桁を見ればよい）、思いがけず参謀総長代行に任ぜられたからであった。国王フリードリッヒ・ヴィルヘルム四世不例《ふれい》のため、ヴィルヘルム親王（のちのドイツ皇帝）が摂政《せっしょう》になった六日後のことであった。当時、参謀総長は師団長に準ずる格の職務であったから、当時少将であったモルトケは「代行」になったのである。参謀本部のことをドイツ語では「大参謀部《グローサー・ゲネラル・スターブ》」と呼んでいたが、その規模から言えば「大」を付けるほどたいしたものでなかったようである。総人員六十四名、そのうち五十名が参謀将校である。しかし前任者のライヘルが一八五二年以降、各師団にも一名ずつの参謀将校を恒《こう》久的《きゅうてき》に配属することにしてから、モルトケは小さな参謀本部を与《あずか》るほかに、全プロイセン軍九個軍団および十八個師団の参謀部を統括したわけである。彼の機密費は二万六千ターレルであるが、このなかからは陸地測量の費用を出すことになっていた。なお陸地測量のためには軍から三十名の将校の応援を得ることができ、旅費一万ターレルを使う権限があった。いずれにせよ、こぢんまりした組織であることにちがいはない。

翌一八五八年、正式に参謀総長に任命され、年収八百ターレルほどに昇給し、さらに一八五九年に中将に昇進した。かくしてモルトケはプロイセン陸軍に入隊して以来、一大隊も指揮したことなく、つまりラインの経験をまったく欠きながら、スタッフの大元締《おおもとじめ》になったことになる。このこと自体、当時のプロイセン軍における軍団長というラインの担当者の地位の高さを示すと同時に、スタッフ担当者の地位の低さを端的に示すものである。そしてモルトケ自身、スタッフの地位を高めることに急《きゅう》ではなかった。彼は黙々として自己の権限の範囲内のことを遂行《すいこう》しながら、いつの間にか参謀本部を軍の中心に仕立て上げていったのである。

鉄道は国家なり

モルトケが徹底的に重視したのはロジスティックスのうえで重要な一翼《いちよく》を占《し》める鉄道である。彼のその後の戦略構想や成功はこの点によるところがまことに大きい。プロイセンにはじめて敷かれた鉄道は一八三八年、ポツダムとベルリン間のものであったが、蒸気機関車の輸送問題における革命的変化を徹底的に理解した点で、モルトケを凌《しの》ぐ者はなかったのである。

彼はまず第一に、「主戦場に可能なかぎり多数の軍を集中する」というナポレオン式戦術が、分散進撃方式によってなしうることを洞察《どうさつ》した。鉄道と同じ頃に発明された電信技術も、それを助けることになった。モルトケにとっては動員とはとりもなおさず鉄道輸送問題であったが、他の誰も彼ほど明らかにこのことを認識した者はなく、またすべての軍事問題をこの視野から考え直した人もいなかったのである。

ここから当然、それまでの戦術の公理がひっくり返される。当時のヨーロッパ諸国は、まだジョミニの意見に従って、内線の有利さを信じていたが、モルトケは鉄道の問題さえ解決されているならば、外線作戦のほうが、つまり包囲攻撃のほうがはるかに有利であるという、まったく新しい戦術思想に到達したのであった。

第三には、分散前進・包囲集中攻撃のためには、それに参加する各部隊の指揮者の質に、でこぼこがあってはならぬことを前提とする。そして各部隊がそれぞれの独自の判断で行動する自由裁量権の広さは、当然のこととされなければならない。モルトケは自己を信ずることが極《きわ》めて厚かったので、自分の育てた部下をも信ずることができ、部下に対する信頼を前提とする戦略思想を確立することができた。これはナポレオンとその手駒《てごま》にすぎない将軍たちの間においては、成立しえなかったことである。

第四には、鉄道こそがドイツの地勢問題に対する最良の答えである、という信念である。モルトケによれば、鉄道のほうが要塞《ようさい》を作るよりも効率がよいとした。電信部隊を持ち、野営設備を持った野戦軍のほうが要塞よりもよいという考え方、つまり野戦第一思想が確立した。これはのちの普仏《ふふつ》戦争においてフランス軍がいたるところで要塞に封じこめられて降伏し、皇帝ナポレオン三世まで捕虜になったこと、あるいはマジノ線のような大要塞を作り、しかもそれがあまり役に立たなかったことと関係がある。さらに日本の例をひくならば、当初の鎮台《ちんだい》制度を師団制度に切り換えさせたのは、モルトケの薫陶《くんとう》を受けたメッケル少佐(明治十八年に来日、四年後に帰国)であった。このため日本は広大な満洲《まんしゅう》の平野で戦って勝つことができたわけである。逆に要塞研究が手薄《てうす》になったことは旅順《りょじゅん》の乃木《のぎ》軍の苦戦と大きな関係があったと言われている。

このように鉄道という視点からすべてを考え直したモルトケは、参謀本部の編成をも変えた。そしてシャルンホルスト時代に戻って、「戦争舞台」によって三分することになった。第一部局はスウェーデン、ロシア、トルコ、オーストリアを担当し「ロシア部」と呼ばれ、

第二部局はドイツ諸邦、デンマーク、イタリア、スイスを担当し「ドイツ部」と呼ばれ、第三部局はフランス、イギリス、オランダ、ベルギー、スペイン、アメリカを担当し「フランス部」と呼ばれた。各部の仕事は、それぞれの舞台における可能な戦闘状況をすべて予想して、その計画を立てておくことであった。またこのほかにモルトケは「電信部隊」を創設し、「鉄道部」を新設した。前者は各野戦軍に属し、後者は参謀本部にあって、敏速な兵員輸送のためのあらゆる鉄道時間表《ダイヤグラム》を準備する仕事をやった。当時プロイセンの鉄道は商務省の管轄《かんかつ》下にあったので、そこの連携によって行なわれたことは言うまでもない。

そして一八六二年、最初の鉄道による動員の大演習が行なわれた。これはデンマークにおける戦争を予想してのものであったが、このデンマーク戦争こそ、モルトケの能力を示す最初のチャンスとなったのである。

デンマーク戦争の勝利とモルトケの発言権拡大

「ヨーロッパでシュレースウィッヒ・ホルシュタイン問題が本当にわかっている人間は二人しかいない。俺ともう一人の男だが、その男はすでに死んでしまったし、俺は忘れてしまったよ」とイギリスの首相パーマーストン子爵（Viscount Palmerston. 一七八四―一八六五）が言ったと言われる。ドイツの北方のデンマーク境《ざかい》にあるこの二つの州は、長い間の国際的紛争によって条約が重なり合い、その帰属と統治主体は、何が何だかわからなくなったような状態になっていた。ただ住民の大部分がドイツ人だったところから、ビスマルクはこれをプロイセンに併合し、バルチック海と北海《ほっかい》を結ぶ運河を作り、キールの港を手《しゅ》中《ちゅう》に収めようという機会を虎視《こし》眈々《たんたん》と狙《ねら》っていたのだった。そして絶妙な外交手段を用いて面倒な国際問題を引き起こすことなく、オーストリアと連合してここに兵を入れることに成功したのである。一八六四年のことであった。

これより二年前にモルトケはデンマークとの戦いが起こった場合についての意見を求められたことがあった。その時モルトケの出した案は、デンマーク軍を正面攻撃することよりも側面に回って、島に撤退するのをあらかじめ断つことであった。しかし一八六四年に戦争がはじまると、普墺《ふおう》同盟軍の最高指揮官になったヴランゲル元帥（Graf von Wrangel. 一七八四―一八七七）は、参謀本部を見ることはあたかも半世紀前の兵站部《へいたんぶ》を見るがごとくであって、参謀本部のごときは不要であり、そんなものによって軍務が複雑になるのはプロイセン軍の恥《はじ》だ、と公言してはばからぬ始末であった。モルトケはベルリンを離れることを許されず、戦闘の進行状況についても公式報告を受けることなく、派遣軍のうちのフリードリッヒ・カール親王の軍団参謀長ブルーメンタール（Leonhard von Blumenthal）からの私信で知るにすぎなかったのである。

このようにモルトケは作戦計画を立て、一般戦略命令は出したのであるが、実戦部隊には直接の影響はなかった。そのためモルトケの基本戦略は守られず、彼が怖《おそ》れていたようにデンマーク軍は島の要塞《ようさい》に撤退し、最初は勝ったものの普墺軍は手づまり状態になったのである。

軍事大臣ローンはモルトケの方針が正しかったことを認め、国王に再びモルトケの知恵を借りるように勧《すす》めた。もし戦争が長引けばイギリスの干渉があるだろうということは、火を見るよりも明らかであったからである。

結局、デンマーク派遣軍に異動があり、モルトケが現地の参謀総長として作戦指導に当たることになった。彼はまたたく間に勝利のうちに戦争を終結せしめたので、識者の間におけるモルトケの評価は大いに変わったようである。しかしモルトケはこのたびの戦功をきっかけに、老齢を理由に退役を願い出たのであった。モルトケはこの時すでに六十四歳、参謀総長に就任してからすでに七年の歳月が流れていた。

しかし国王はこのたびの戦役でモルトケの的確な戦争指導に目を見張り、また軍事大臣ローンも同じ意見であった。退役は許されず、かえってモルトケは軍事問題が議題に上《のぼ》った時はすべての閣議に出席することを許されることになったのである。そして普墺戦争という次の画期的な舞台の用意にかかることになった。

普墺《ふおう》戦争での妙手

モルトケは元来オーストリアと戦闘することには激しい嫌悪感を持っていた。しかし念願のドイツ統一のため、オーストリアを叩《たた》く必要のあることはビスマルクの洞察《どうさつ》であり、また個人的感情を別にすれば、モルトケもそれに関してはビスマルクの同志であった。そしてビスマルクがイタリアを誘《さそ》ってオーストリアの背後を衝《つ》かせ、他の列強が干渉しないという大きな枠《わく》のなかでモルトケは対墺戦の戦略を練《ね》ることになったのである。

モルトケの戦略構想は、ある意味でナポレオン的であったとも言える。つまり主戦場への主力軍の集中ということである。彼の想定ではオーストリア軍は攻勢に出て、ザクセンを通ってベルリンを攻撃するはずであった。これを邀撃《ようげき》するために、ベーメン（ボヘミヤ）

に向かってザクセンとシュレージェンから包囲的に進撃することを根本戦略とした。その他、オーストリア側についた南ドイツ諸邦に備《そな》えた軍も、フランスに備えたライン防衛軍も、全部この主戦場に投じようというのであった。これは全プロイセン軍の七分の六を、約三百キロの長大な弓のごとく張り、そのまま分散前進せしめて、敵と遭遇するまで次第に環《わ》をせばめ、主戦場において一挙に包囲殲滅《せんめつ》しようという放胆《ほうたん》なものである。もちろん、モルトケは蛮勇《ばんゆう》からそうしたのではなく、プロイセンの鉄道網と動員計画への絶対の信頼からそうしたのである。当時この戦場に通ずるオーストリアの鉄道は一本であったのに、プロイセンは五本持っていた。

これは戦争史上まったく新しい構想であって、プロイセン軍内でもその戦略思想は充分理解されていなかった。このため国王の軍事的な補佐をしていた高級副官アルヴェンスレーベン（Constantin von Alvensleben）や皇太子などを説得するのは必ずしも容易でなく、国王もモルトケの原案のような徹底的集中作戦に不安を持っていたので、最終的には三方面軍に減らすことに落ち着いた。

またビスマルクは、政治的配慮からライン川守備に一軍団を置く必要を感じ、軍事大臣ローンにそれを要求した。ローンはビスマルクの要求に応じ、モルトケを無視して命令を出した。当時はまだ、作戦計画までは参謀総長の役であったが、それに基《もと》づく命令は軍事大臣が発することになっていたのである。モルトケはこれを知り、そのような兵力分散は全作戦計画を水泡《すいほう》に帰《き》せしむるものであると国王に具申《ぐしん》し、取り消させることに成功した。モルトケとビスマルクの仲が冷えたのはこの時以来であるという。

この事件がきっかけになって、動員された軍隊に対する作戦命令は参謀総長より出すこととし、同時に陸軍大臣に通知するように変えられた。またこの戦争中、モルトケは作戦に関し、国王に直接上奏《じょうそう》する地位、つまり帷幄《いあく》上奏権を与えられることになったのである。もっともこの上奏に際しては、首相のビスマルクもつねに同席することになった。

ケーニッヒグレーツの戦い——史上最大の包囲作戦

この戦争において国王ヴィルヘルム一世は自軍が最初の発砲者になることを嫌ったため、開戦予定はどんどん遅れたので、時間の経過とともにモルトケはいちいち作戦計画の修正をしなければならず、ほとんど毎日のごとく調整していたようである。

このようにして最初とは相当違った形で、しかも何度も予定を変更して開戦となったのであるが、モルトケは勝利については一点の疑念も持っていなかったのである。自分の立てた計画と自分の頭脳に対するモルトケの静かな自信は、まことに目を見張るものがある。

当時のヨーロッパにおける予測では、オーストリアのほうに分《ぶ》があるとする見方が強かった。フランスのナポレオン三世もその意見で、戦いが長引けば巧《たく》みに介入して漁夫の利を占《し》めようとしていたのである。フリードリッヒ大王さえも決定的には勝てなかった相手であり、またナポレオン一世に何度も破られながらも遂《つい》には最後の勝利を得た国である。プロイセンがよく戦ったとしても、相当長期戦になるだろう、とモルトケ以外のみんなが思っていた。

しかし実際に戦いがはじまってみると、誰も予想しないことが起こったのである。身分の高い軍団長たちはモルトケの戦略の意味を理解せず、しばしば命令に従わないこともあったが、一八六六年五月十二日の動員以来、大局において戦争はモルトケの計画どおりに正確に進行し、七月三日には彼があらかじめ予定した戦場にプロイセンの軍団は三方から集中してきた。かくて史上最大の包囲作戦は完全に成功したのである。

この「ケーニッヒグレーツの戦い」(一八六六) におけるモルトケについて、いくつかの逸話《いつわ》が伝えられているが、当時のモルトケの置かれた地位とか、彼の性格を示していておもしろい。一つにはこんなのがある。ある師団長は「モルトケ将軍とは、いったい誰かね。この命令書は筋の通ったちゃんとしたものだが」と言ったというのである。師団長級の人間にもモルトケの名前がまったく知られていなかったということを示している。

また左翼から現われるはずの皇太子軍がなかなか現われず、激戦が続いて一時プロイセン軍が苦戦のごとく見えた時があり、それが四時間近くも続いた。苦戦している軍団からは「救援頼《たの》む」という伝令が何度もやってくる。しかしモルトケは冷然として作戦変更をせず、自分の計画が効力を出してくるのを静かに待っていた。気が気でなくなったビスマルクが、葉巻のケースを出してモルトケに勧《すす》めると、モルトケはゆっくり選んでよいほうを取ったので、ビスマルクも、「作戦を立てた人間がこれだけ落ち着いておれば大丈夫だ」と安心したという。果たせるかな、まもなく皇太子の率《ひき》いる軍が現れて、プロイセンの完勝となったのである。その時、モルトケは国王に向かい、例によって静かな調子で「陛下は本日の戦闘に勝たれたのみならず、今回の戦争にも勝たれました」と言ったという。

以上、挙げたのはいずれも逸話であって、誇張や潤色《じゅんしょく》があるかもしれないけれども、いかにもモルトケらしい輪郭《りんかく》が浮かび上がっているようである。そしてまことに彼の言ったごとく、それが戦闘の結着であったのみならず、戦争の結着でもあった。もはやウィーンに至るまでプロイセン軍を遮《さえぎ》るものは何もなかったのだから。

武器革新にみるプロイセン参謀本部の勤勉

なおこの戦争に動員された兵力を見ると、オーストリア軍二十四万、オーストリアと同盟したドイツ諸邦軍十六万で合計約四十万であり、これに対してプロイセン軍は三十二万である。しかしオーストリアはイタリア戦線にも兵を割《さ》かねばならず、ケーニッヒグレーツの戦場に出たのはオーストリア軍二十一万五千、ザクセン軍二万五千、合計約二十四万人であった。一方、プロイセン軍はエルベ軍四万六千、第一軍九万三千、第二軍十一万五千の合計約二十五万四千人であるから、兵力はほぼ伯仲《はくちゅう》していたと言ってもよい。

しかし戦闘後の損害を見ると、オーストリア軍は死傷三万、捕虜一万三千、大砲二百門を失っており、プロイセン軍は死傷一万であった。つまり、オーストリア軍のほうが四倍近くの人員を失ったことになる。これは包囲するものとされるものとの違いもあるが、一つには両軍の武器の違いもあった。

それはプロイセン軍は一八四〇年代に、すでに元込《もとご》め式撃針銃《げきしんじゅう》を採用していたことである。火器の点においてプロイセン軍は大いに恵まれていた。すでにクラウゼヴィッツの頃に、アルフレッド・クルップ（Alfred Krupp. 一八一二―八七）という天才的企業家が、エッセンに大鉄工所・大兵器工場を建て、一八四六年にはいままでの銃より断然、射程《しゃてい》の長いライフルを開発したのである。またドライゼ（Johann Nikolaus von Dreyse）は、一八二九年にかの有名な元込め式のドライゼ銃を発明したわけだが、慧眼《けいがん》なるドイツ参謀本部は普墺戦争のはじまる二十年以上も前にすでにこの銃の長所を認めて採用し、一八六〇年代に入ると、クルップ工場は全力を挙げてその大量生産に入っていた。クルップは一八七〇年までには一万人以上の工員を使っていたのである。

元込め式の銃の特徴は射撃速度の速いことである。このため、ケーニッヒグレーツの戦いにおいても、オーストリア軍の銃剣突撃は、その都度《つど》プロイセン軍の元込め式の連射銃によって射《い》すくめられて挫折したのであった。また大砲の性能においてもプロイセン軍はオーストリア軍を圧倒した。

当時のヨーロッパの戦場において、元込め式の銃を持った軍はプロイセン軍のみであったことは、プロイセン参謀本部の平時の武器研究の勤勉さを示すとともに、他の国々の当局の怠慢《たいまん》を示すものである。

偉大な政治家と偉大な軍人の差

この決定的な勝利を収めたあと、プロイセンの本軍はウィーンより六十キロのニコルスブルクに進んだ。参謀本部としてはこの軍事的勝利を徹底的に利用してウィーン入城を主張した。しかしビスマルクは断乎《だんこ》として反対したのである。

ビスマルクはさすがにモルトケ以上の視野を持っていた。彼の最終目的はドイツの統一であり、その次の障害はフランスである。どうしてもフランスとは一度は戦わねばならぬ。その時にオーストリアの好意的中立が絶対必要であるから、いまは恩を売る時だと判断した。そのためには敵の首府に入城したり、領土を取ったり、償金を取ったりしてはいけない。無割譲・無賠償・即時講和がビスマルクの意見であったが、圧倒的に勝ったプロイセン側では国王はじめ全軍人がそれに反対で、ビスマルクを臆病者《おくびょうもの》呼ばわりさえした。この戦争まで国民を引っぱってきたのはほかならぬビスマルク一人だったのに。

ニコルスブルクにおける論争は、偉大な政治家と偉大な軍人の差を示すものとして興味深い。モルトケという不世出の軍略家もその視野の広さにおいては、ビスマルクには遠く及ばないのである。ただモルトケの名誉のために言っておけば、彼は講和条件には不満があったが、ウィーンに入らないこと、ただちに平和条約を結ぶことの得策であることに関しては、他の将軍たちと異《こと》なり、ビスマルクの意見が正しいとあとでは考えるようになった。

ビスマルクの賛成者は一人もいなかった。しかしここでぐずぐずすれば、ただちにフランスとロシアの干渉を招き、せっかくの戦勝も水の泡《あわ》で、ドイツ統一もいつのことになるかわからなくなるのだ。ビスマルクの神経はほとんどやぶれるばかりで、一人で会議室を去っておいおい泣きだすのである。そして四階の自室から投身自殺も考えたぐらいであった。

しかし幸《さいわ》いに皇太子がビスマルクの味方として現われた。彼はイギリスのヴィクトリア女王の娘を妻としており一般的に平和主義者で、今度の戦争にも元来反対だったのである。この皇太子がビスマルクのために、戦勝軍を率《ひき》いてウィーンに進軍したがっている父王を説いて、ビスマルク案に何とか賛成させることに成功した。かくしてプロイセンは戦場の勝ちを、戦争の勝ちに結びつけ得たのである。

この事件ぐらい勝った軍隊の危険さを示すものはない。ビスマルクの必死の努力でも止

普墺戦争（1866年）

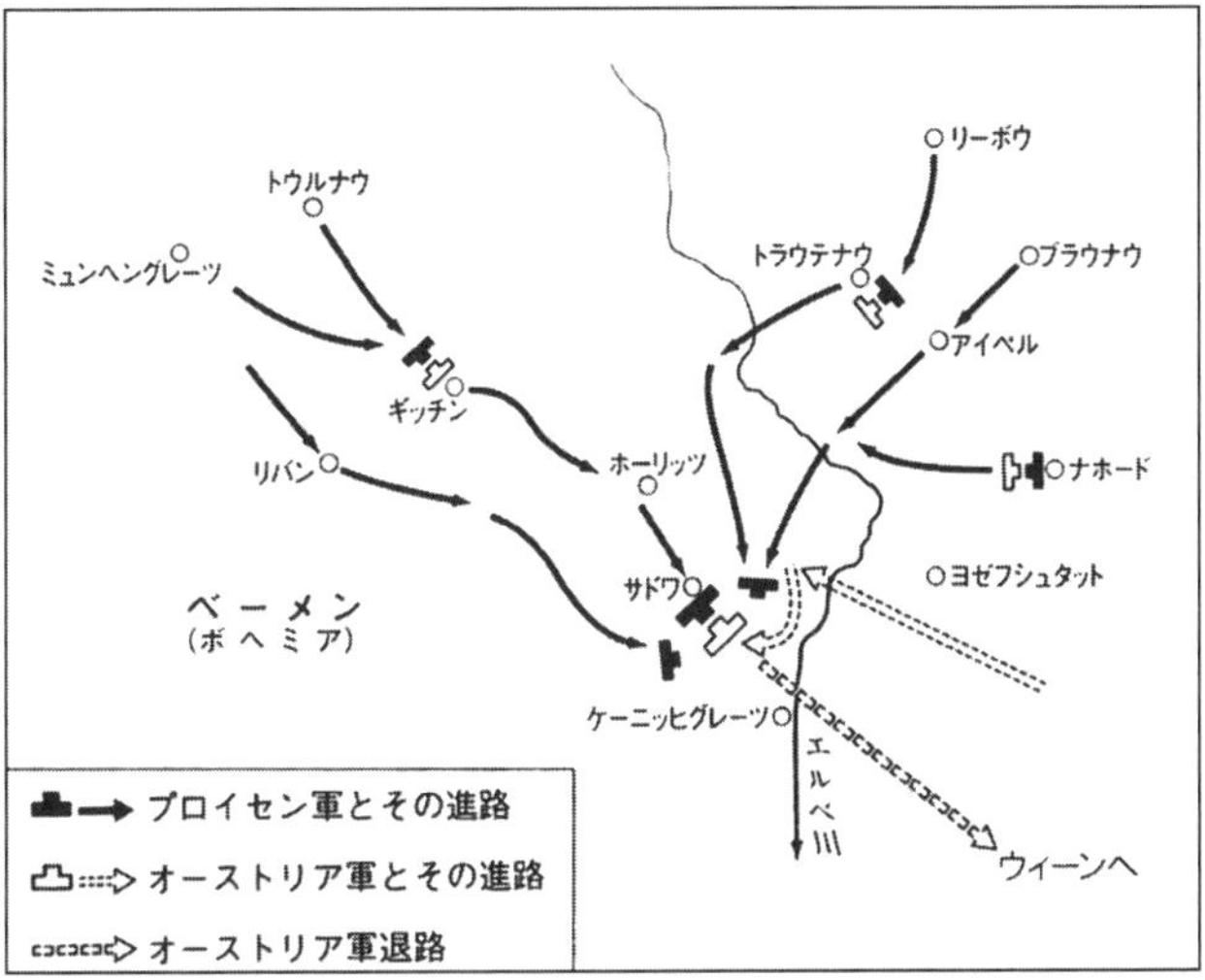

◀青銅砲を凌《しの》ぐ性能を持つ鋼鉄製のクルップ砲。兵数の劣る戦いにプロイセン軍が勝てたのは、平時において武器革新に努めたからである

まらなかったのだ。幸いプロイセン王家における皇太子の発言力が加わったので、禍《か》根《こん》を残さないで平和が成立したのである。この戦いによってプロイセンの得た果実は大きかった。オーストリアの領土に手をつけなかったおかげで、ドイツ国内のハノーヴァー、ヘッセン、フランクフルト、ナサウ等の諸邦を合併したけれども、どこからも文句が出なかった。プロイセンは、領土を四分の一拡大し、四百五十万の新人口を加えた。しかもオーストリアからはむしろ感謝を得《え》、フランスやロシアには容喙《ようかい》させる隙《すき》を与えないで済《す》んだのである。

勝って兜《かぶと》の緒《お》を締《し》める――普墺戦争の徹底反省

七週間戦争と言われたこの普墺戦争は世界中に衝撃を与えた。二大軍事大国が総力を挙げた戦いが、このような短期間のうちに、しかもこのような明快な勝敗をもって終結したことは、驚異にほかならなかったのである。そして万人《ばんにん》の見るところ、その勝因の大部分は、寡黙《かもく》にして典雅《てんが》な一軍人によるものであった。モルトケは六十六歳で突如《とつじょ》として国の内外の注目を浴びる人になったのである。そして参謀本部というものは、戦争におけるとてつもないソフトウェアなのかもしれないことに気づく人も多少出てきた。

戦争の翌年、モルトケは国会議員に選出され、また国会が特別に支出した賜金《しきん》でシュレージェンの田舎に荘園を買った。ビスマルクやのちのヒンデンブルクなど、いずれも古い貴族出身の人たちは田舎に荘園を持つことを無上の喜びとしていたようである。ユンカー気質と言うべきであろうか。モルトケも自分の先祖のように荘園を持ったことを心から喜んだ。

またこの年に彼は前年の『普墺戦争史』(Der Feldzug vom 1866 in Deutschland) を監修したが、これは記述の正確な点と、むだがない点で傑作とされている。戦史編纂《へんさん》は参謀本部の重要な仕事であり、第一等の教育資料でもあったのである。そしてこの戦争を検討して次の諸点を反省したが、それはいずれも次の戦いのためにすぐに改善に着手すべき準備行動でもあった。

第一は、火力についての反省である。モルトケは火器の能力が決定的であることをいまさらながら実感した。したがって攻撃の向上は火力利用法の改善にかかわること、また歩兵と砲兵の協力法を工夫すべきことを認識した。これは次の普仏戦争で生きてきた。フランスは元来、国富においてはプロイセンに優《まさ》り、特に砲兵は伝統的にヨーロッパ第一と言われていた。しかし普仏戦争当時、その信管《しんかん》はまだ着発信管で、大砲は青銅製の口装《こうそう》であった。これに反してプロイセン軍はすでに曳火《えいか》信管を採用し、大砲も鋼鉄製後装《こうそう》であり、発射の迅速さ、照準《しょうじゅん》の正確さ、運搬の便利さにおいてフランス軍の大砲をはるかに凌《しの》いでいた。しかも歩兵と砲兵の協力についての工夫はプロイセンに一日《いちじつ》の長《ちょう》があった。またフランス軍は機関砲ミトライユーズに信頼していたが、実戦での使用には不手際があり、しかもプロイセン軍の大砲の有効射程距離がはるかに大きかったため、使用以前に破壊されてしまうことが多かった。

これらは戦局に最も重大なことであったのだが、モルトケは火器の徹底重視に踏み切り、フランス軍に水をあけていたのである。それは普墺戦争以前の鉄道の徹底重視に匹敵《ひってき》するモルトケの明察《めいさつ》であった。

第二は、命令の徹底において欠けるところがあったことは、モルトケの最も遺憾《いかん》としたところである。これは参謀本部の威信が軍団に及ばないことがしばしばあったことによる。この点に関しては普仏戦争においてモルトケが「大本営参謀総長」として、国王の名で命令が出せるようになったため、大いに改善されたことになる。しかしなお固有の命令系統の維持についてては充分でないところがあったようである。

第三に、騎兵の使用法についてである。普墺戦においては騎兵が主として予備騎兵として用いられたため、戦術的にも戦略的にもほとんど効果がなかったことを反省し、ナポレオンの騎兵用法に倣《なら》って、むしろ騎兵を軍の前面に使用して、敵情偵察や警戒や側背面攻撃に用いることに改めた。これも次にきた普仏戦争において威力を発揮した点である。フランス騎兵は勇猛の定評があり、馬匹《ばひつ》も優良であった。しかし依然《いぜん》として、ナポレオン時代のような大隊密集攻撃に主力を置いたため、後込《あとご》め式の速射銃を持つ歩兵や照準の正確な砲兵に対しては、昔のような威力はなかった。これに反して偵察、警戒に主として用いられたプロイセン騎兵は、いたるところで大きな功績を上げたのである。ナポレオン三世がセダンで捕虜になったのも、新しい用い方によるプロイセン軍の騎兵の情報蒐集《しゅうしゅう》能力によるところが大きかったと言われる。この騎兵の用い方については第一次大戦後、旧ドイツ軍の最後の参謀総長であったゼークトも『現代騎兵論』（一九二七年）において、モルトケとほぼ同じことを言っているのはおもしろいことである。

なおモルトケは軍団を廃止して、師団を単位とする戦略のほうが有利と判断したが、これについては国王の同意が得られなかった。プロイセン陸軍でも人事が絡《から》むことは普墺戦争後のモルトケの威信をもってしても、そう簡単にはゆかなかったのである。

また要塞《ようさい》より野戦を重視するモルトケの戦略思想は、普墺戦争で見事に証明されたのであった。武力行使の目的は土地の軍事占領にあるのでなく、敵の戦力と戦意を粉砕《ふんさい》することにあるというクラウゼヴィッツの思想が生きてきたことになる。そしてそのためには、補給の問題も考えて分進するのがよく、決戦場にのみすべての兵力を集める必要があるのであって、その他の場合は兵力を集中することはよくない、という結論も出た。

これらの結論が正しかったかどうかの証明は次の戦争がしてくれるであろう。モルトケは愛妻と静かな生活を楽しんでいたが、一八六八年のある日、二人で馬に乗って散歩している時、急に雨にあい、その時のことがもとで妻が死んだ。国王はこれに深く同情してモルトケの甥《おい》を副官にして身のまわりの世話をさせるような細かい配慮を示した。なお家事は、すでに未亡人になっていたモルトケの実妹が見ることになったので、モルトケの孤独もやや慰《なぐさ》められることになったようである。

対仏戦への入念なる準備と絶対の自信

「こんなにやることがなかったことはなかったわい」

一八七〇年に普仏戦争が勃発《ぼっぱつ》した時、すでに古稀《こき》（七十歳）の高齢に達しながらも参謀総長の要職にあったモルトケは、こうつぶやいたと言われている。これはおそらく本当の述懐《じゅっかい》であったろう。彼は参謀総長代行に任ぜられた一八五七年以来、たえず対仏作戦計画を練《ね》ってきたのである。特に普墺戦争後は次の相手がフランスであることについては、ビスマルクと同じ意見であった。ビスマルクは、軍事についてはモルトケを絶対に信頼し、対仏戦の準備状況について一言だけ念を押しただけで、「エムスの電報」（エムスの温泉地にいたヴィルヘルム一世の電報にビスマルクが手を入れて発表し、フランスとドイツの両国民を興奮させて戦いのきっかけを作った）をさらさらと書き上げたのである。この電報を最初、手にした時、ビスマルクはモルトケとローンに読んで聞かせ、モルトケに聞いたのである。「わがプロイセン軍が準備を終了し、戦闘状態に入るにはどのくらいかかるかね」と。するとと言葉数の極端に少ないモルトケは答えた。「すぐ開戦したほうがよいでしょう。遅れるよりは」と。

モルトケはこの日に備《そな》えて十数回にわたって対仏戦のためにすぐに使える計画を立てていた。一八六〇年以前のものはプロイセン軍の実力を考えて専守防衛計画であり、一八六〇年以後もライン川を主とした防衛計画を中心としていた。しかし普墺戦争後、フランスに備えて国境要塞を強化すべしとの議論が起こった時、モルトケは徹底的に鉄道を整備する案を推《お》した。一八七〇年七月十六日に動員令を発した時は、北ドイツからフランス国境に通ずる鉄道は六本もあって、十日前後で大部分の軍隊の集中を完了し、三軍団のプロイセン軍は機械のごとく正確にフランス国境に進撃していったのである。

ここで注目すべきことは、軍事的には完全に準備の整《ととの》っていたプロイセンが、外交的には売られた喧嘩《けんか》を買うという形になったことである。ビスマルクの巧妙《こうみょう》な外交政策は、普墺戦争の場合も、相手より遅れて動員令を出しているし、今回も、フランスの上院が満場一致で、下院が賛成二百四十五対反対十の圧倒的多数で開戦を可決してからはじめてプロイセンは動き出したという形になっている。

開戦に当たって他国に干渉する隙《すき》を与えないのはビスマルクの腕であったが、モルトケは純軍事的見地から、全力をフランス戦線に投入することができると計算していた。万一、フランスとオーストリアが連携した場合にも、オーストリア軍の動員速度から見て、戦闘できるまでは一カ月半から二カ月かかると判断し、その間にフランス軍との会戦に勝てばナポレオン三世の地位は保《も》つまいと見ていたのである。したがって計画はプロイセンがフランスだけと戦う場合を想定し、また仏墺《ふつおう》連合軍と戦う場合も、初動計画に変更なし、という方針であった。

驚くべき自信であるが、それはすべての可能性を入念に検討し尽くしたうえの結論なので、そのほかに考えようがないという意味で絶対の自信であった。

現場の指揮官の独断を不問に付《ふ》す

大局的戦略に不動の信念を持っていたモルトケは、戦術面においては逆に、現場の指揮官の自発性を徹底的に尊重した。彼は作戦計画の要綱《ようこう》に次のようなことを言っている。

「開戦から戦争終結に至るまでの作戦計画をうんと細かく予定するのは大きな誤りと言うべきである。敵の主力と衝突が起こった瞬間から、その戦術的勝敗がその後の作戦の決定要因となる。いろいろなことを計画してみても、戦機いかんでは、だいたい実施できかねることが多く、予期しない事件が続々出てくるのが常《つね》である。したがって形態の変化を詳《くわ》しく観察して、あらかじめ充分なる時間の余裕をもってそれに対応する処置を考え、そのうえで断乎《だんこ》として決行するのが作戦指導の秘訣である」と。

モルトケは緻密《ちみつ》な計画者であったが、戦争の実態を洞察して緻密倒《だお》れにならなかったのはさすがと言うべきであろう。したがって普仏戦争の初期の段階において、自尊心が強くてモルトケの統制に服することを嫌ったスタインメッツ将軍（Karl Friedrich von Steinmetz）の第一軍が、独断で正面攻撃をはじめてしまったため、国境近くの包囲作戦の計画がぶち壊《こわ》された時も、モルトケだけはこの第一線部隊を非難しなかった。戦後に戦史家たちがこの第一線部隊の独断専行を非難した時も、むしろモルトケは弁護にまわったのである。

「事実、この戦闘は予期しないものであった。しかし戦術上の勝利は、戦略上の計画を助けることが大なるを常《つね》とするから、われわれは常に勝利には感謝して、それを適当に利用すべきである。事実この戦闘によって敵の主力と接触できたのであって、その後の大本営の戦略決定は甚《はなは》だしく容易になったのである」と。

この第一線部隊は、芸のない正面攻撃をしたため、戦場の勝利は得たもののプロイセン軍の損害が大きく、追撃もできないようなありさまであった。国境近くでの包囲戦という自分の計画がフイになったにもかかわらず、モルトケはそのような齟齬《そご》は戦場の常として責《せ》めず、むしろ局部的な勝利を祝福し、それを全戦局の勝利に結びつけるようにと作戦を展開していったのである。

スタインメッツのように御《ぎょ》しがたい将軍も第一線にはいたけれども、普墺戦争以来のモルトケの威信は絶対的であって、大本営内においては彼の戦略的計画は一つの反対もなく採用されていった。

特に動員五日目以降、軍の行動に関する一切《いっさい》の命令指示はモルトケが握《にぎ》り、軍事大臣には報告でよいことになったため、普墺戦争の場合のような干渉の余地がなくなった。また各軍団からの報告や請訓《せいくん》も、従来のように軍事内局を経由することなく、直接モルトケに対して行なわれるようになったことも、指揮の効率をよくした。

また普墺戦争の例に懲《こ》りて、戦争の会議にはビスマルクの同席を拒否している。当時のモルトケの大本営内の参謀本部の陣容は、まことにこぢんまりしたもので、少佐三名、大尉六名、中尉一名、それに作戦実施中の三軍団をそれぞれ担当している中佐三名、それに総長のモルトケと副官二名の十数名にすぎなかった。組織内人員の数の少ないこと自体が能率と連《つら》なるという幸福な時期というものがあるものである。

再び「外交の人」対「軍事の人」の対立

この戦争の圧巻《あっかん》はセダンにおいてナポレオン三世とマクマオン（MacMahon, duc de Magenta.

一八〇八―九三）軍を包囲し、これを捕虜にしたことであろう。モルトケはフランス軍と遭遇《そうぐう》したならば、必ずフランス軍の正面と右翼を攻撃して、敵を北に圧迫《あっぱく》し、パリより遮《しゃ》断《だん》するということを根本方針にしていた。それで今日われわれが普仏戦争の作戦図を見ると、ちょっと奇妙な感じがするのである。プロイセン軍が下（南）に、フランス軍が上（北）に書いてあるのだから。これはモルトケの外線作戦思想がいかによく徹底したかを示すものである。

前の普墺戦争においては、そこまで滲透《しんとう》していなかったので、軍団が充分、包囲運動をしない憾《うら》みがあった。しかし今回は開戦一カ月半にしてフランス国王は首府に逃げ帰る余裕もなく大軍とともに捕虜になるという大椿事《だいちんじ》が起こったのである。これは世界中の耳目《じもく》を聳動《しょうどう》した。みんながこれはモルトケの勝利であると思った。そしてモルトケとその幕僚は、プロイセン軍内では「神のごとき者《デミ・ゴッド》」になったのである。

問題はこれからはじまった。ビスマルクはアルザス・ロレーヌの両州を取って速《すみ》やかに講和交渉に入りたかった。しかしモルトケはパリ占領を目標にしていた。この前ビスマルクのおかげでウィーンに入城しそこなった軍人たちおよび国王は、何としてもパリ入城の覚悟を決めていたのである。ビスマルクはパリを包囲せず、アルゴンヌの森に兵をとどめ、パリ守備軍を平地に誘《さそ》い出したらどうかとも提案したが、モルトケも国王も全然耳を貸さなかった。そしてがっちりとパリを包囲してしまい、ビスマルクには外交交渉に必要な軍事情報さえ与えようとしなかった。

ビスマルクは痛憤《つうふん》した。彼の仕事はまことに難《むずか》しいことになったのである。というのは国王を捕虜にしてしまったため、終戦交渉をする相手がいなくなったのだから。それなのに戦争は終わらないのだ。もちろん、パリ市民はセダン落城の二日後に第三共和制を急造したが、全フランスを代表するには力不足であった。ぐずぐずすれば諸外国からの干渉が起こりかねない。何しろプロイセン本国はガラ空《あ》きなのだから。ロシアが動いても、オーストリアが動いても、イギリスが動いても、大変なことになる。ともかく早くきりをつけたいというのがビスマルクの第一の考えであった。それでパリを包囲してしまった以上は、早く砲撃でも何でもして陥落《かんらく》させてしまうよう要求したが、モルトケは大砲と弾薬が不足であるという理由で拒絶した。モルトケは完全に軍事の論理で動いた。

モルトケは北フランスのメッツの要塞《ようさい》など、包囲したままで主力をパリに進軍させたのである。そのほかストラスブール、ツールなどの要塞も包囲中であった。このように広大な地域の方々《ほうぼう》に分散した作戦に関しては、手持ちの兵力、火薬、食糧のバランスを保ちつつ、被害があまり出ないように処理する方針から、各方面の軍司令官の自由裁量の余地を大きくし、自分の根本戦略は軍参謀を通じて徹底せしめることにしたのである。その配慮からもパリを砲撃することを急がなかった。万一、途中で弾薬が不足したら大変である。したがってパリは食糧攻めを第一とし、各地のフランスの要塞軍や野戦軍が一つひとつ撃《げき》滅《めつ》されるのを待つのが安全であるとした。十一月中旬頃からは国王や軍事大臣ローンもパリを砲撃して早く戦いの目途《めど》をつけることを主張したが、モルトケは所信を少しも変えなかった。

モルトケの誤算

パリの包囲は九月十九日にはじまったが、その後、九月二十三日にツールが、次いで二十八日にストラスブールが陥落し、そして十月二十七日にはメッツの要塞が陥落し、バゼーヌ(François Achile Bazaine. 一八一一—一八八)とその十七万のフランス兵が降伏したため、プロイセン軍の後方連絡が著《いちじる》しく容易になった。また一方、ローヌ方面などにおいて新しいフランス軍が続々編成されてきたが、これらに対してモルトケは本国からの新着部隊や

普仏戦争（1870年）

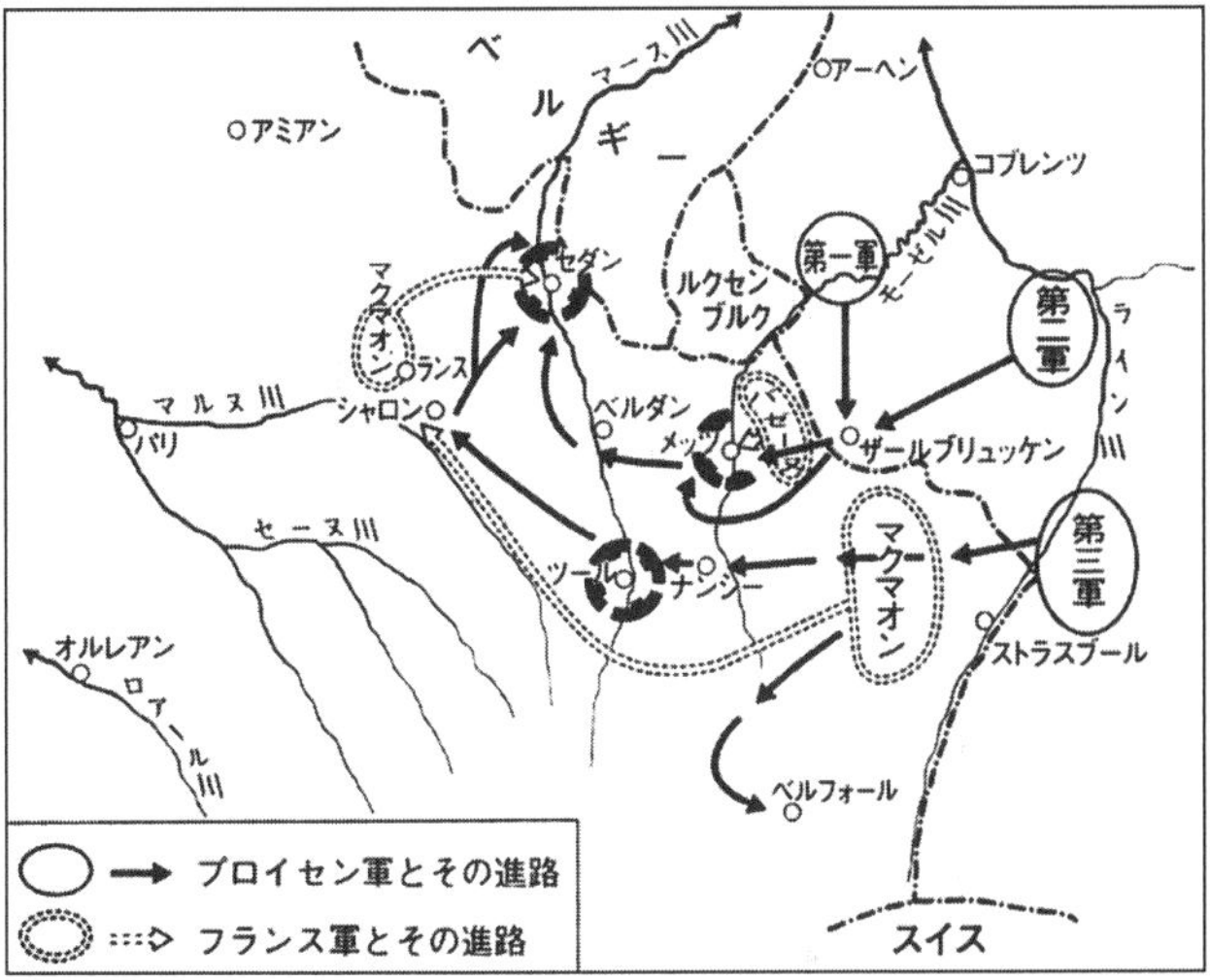

▲普仏戦争におけるモルトケの根本方針は、兵力に優《まさ》るフランス軍とパリとの連絡を絶つことにあった。セダンの戦いは、その策が最もよく成功を収めたものであった

▲パリ砲撃のさなか行なわれたドイツ皇帝戴冠式《たいかんしき》

メッツを包囲していた部隊を派遣し、確実に平定していった。その後、後顧《こうこ》の憂《うれ》いのなくなった十二月二十八日に東から助砲撃、翌一八七一年一月五日から、南から本砲撃を開始し、一月二十六日に休戦が成立した。

なおこれより八日前の一月十八日にプロイセン王ヴィルヘルム一世は、ヴェルサイユ宮殿においてドイツ諸邦を統一してドイツ皇帝ヴィルヘルム一世となったのである。文字どおりパリ砲撃の音を聞きながらの戴冠式《たいかんしき》であって、「プロイセンは国家が軍を持つに非《あら》ずして、軍が国家を持つ」という諺《ことわざ》を地《じ》でいったようなものであった。そしてドイツ統一は、プロイセンの武力によってのみ実現したのであり、この点、ビスマルクとモルトケの見通しは正しかったことになる。

結果はプロイセン側にとってめでたしめでたしであったが、モルトケは自分の当初の予測に重大なる誤算があったことを認めざるをえなかった。彼は元来、野戦第一主義であり、それは普墺戦争では正しいことが証明されたのであるが、今回は二つの新要素が出てきたのを認めざるをえなかったのである。それは、野戦が終わっても戦いつづける要塞軍と、王様がなくなっても戦いつづける非正規国民軍の出現である。モルトケは、ナポレオン三世の政権を倒せばフランスは和《わ》を乞《こ》うと信じて当初の計画を立てていたのだから、完全な見込み違いである。彼は、戦争とは正規軍同士の争いであるべきである、と考えていたので、ある国民全体が、別の国民全体に対して憎《にく》み合うような性質の戦いは、進歩に非《あら》ずして野蛮への逆行である、としたのであった。

しかし大革命直後の国民徴兵令によって大規模戦争を人類に導入したフランスは、再び、義勇軍方式によって、民族が憎み合うという要素を戦争に導入したことになる。プロイセンは好戦国と見なされている傾向にあるが、ビスマルクやモルトケにおいては、ドイツの統一のみが目的とされ、その邪魔者の排除としての普墺・普仏戦争なのであった。それは普仏戦争後、ビスマルクの政策がいかに平和志向型であったかを見ればよくわかるのである。

しかし、この二度の戦いでその有効性を確認された参謀本部という組織と、パリ入城によって引き起こされたフランスの対独憎悪感情は、その後に繰り返されるヨーロッパの悲惨のもとになるのである。ビスマルクの言うとおりパリに入城しなかったら、まだフランス人の憎悪が少なかったかもしれなかったのであるが。憎悪には憎悪で応《こた》えるのが常《つね》であるから、独仏間の憎悪は募《つの》るばかりであったことは、すべての人の知るとおりである。

輝かしき栄光のなかに翳《かげ》りの徴候

プロイセン参謀本部はいまや最高の軍事企画機関であり、プロイセン陸軍は世界最強の陸軍となった。ドイツ帝国内ではバイエルンがそれ自身の参謀本部を維持したが、もはや実質はないに等しく、他の諸邦はよくその将校をプロイセン参謀本部に送って一緒に仕事をさせた。

モルトケは一八八一年、八十一歳の時、老齢の故《ゆえ》をもって辞職を申し出たが却下され、その代わり補佐役の参謀次長としてヴァルダーゼー少将が任命された。モルトケのいる参謀本部には常勝不敗の後光が差《さ》し、時事問題に、いっさい口を出さない遠慮深さは、かえって人びとに畏敬《いけい》の念を起こさせた。一八八三年には、特別閣議命令で参謀総長に平和時における帷幄上奏権《いあくじょうそうけん》、つまり国王にいつでも直接に意見を上奏する権利が与えられた。モルトケは議員にも選出されており、軍事問題について演説することもあったが、簡潔明瞭で問題の核心を衝《つ》いていたので、議会演説のお手本と見なされた。高齢にあっても頭脳の衰《おとろ》えぬこと驚くばかりであった。

ビスマルクとのその後の関係は、温かいものではなかったが、円滑ではあった。モルトケの軍事的見解をビスマルクはつねに外交政策上の重要ポイントと見なしていたし、またモルトケはビスマルクを信頼して外交に口を出すことはなかったからである。早起きで小食で寡黙《かもく》であったモルトケは、朝寝坊で大食で口数の多い首相を嫌ってはいたが、参謀本部がいちばん怖《おそ》ろしいと思っていること、つまり多正面戦争をせざるをえないことからつねに守ってくれたビスマルクの超凡《ちょうぼん》の外交手腕には敬服していた。多正面作戦をしないで済《す》むことこそ、つねにプロイセン軍人の悲願なのであったが、それはドイツの地理上至難なことで、フリードリッヒ大王も失敗し、第一次、第二次大戦でもドイツが失敗したのである。

それでモルトケがビスマルクの外交政策に協力したこともある。一八七九年、ビスマルクがオーストリアと同盟しようとした時、皇帝がロシアを刺戟《しげき》することを怖《おそ》れて難色を示した。その時ビスマルクは、モルトケにこれが軍事上必要であることを皇帝に説いてもらったのである。モルトケは、ロシアがドイツ国境に増兵していることを指摘し、もしロシアと戦う場合は必ずフランスも動くから、その時にはオーストリアの援助が絶対必要である、と言って皇帝にビスマルク案を認めさせた。

また参謀次長ヴァルダーゼー伯爵（Alfred von Waldersee. 一八三二―一九〇四）が、一八八七年頃にロシアのドイツ国境での戦備拡張を見て、オーストリアと協同してすぐに機先を制して開戦することを帷幄上奏するようモルトケに勧《すす》めた。モルトケはヴァルダーゼーの意見に賛成であったが、皇帝に上奏せず、ビスマルクに知らせたのである。ビスマルクはドイツの統一を成し遂《と》げた以上、まったく戦争の必要を認めず、「自分はいかなる理由でも予防戦争はしない」と答えた。モルトケのほうも、戦争をするかしないかの外交問題は、ビスマルクに委《まか》せるべきと考え、ただ参謀総長として軍事的見解を首相に知らせるだけで満足した。戦争中の指揮権に対してはビスマルクをあれほど排除したモルトケだが、外交に関しては固《かた》く節度を守って意見具申《ぐしん》の義務だけを果たし、それが採用されないからといって国王に対する上奏権を用いることはしなかった。

このように、モルトケの下でドイツ参謀本部はまことに輝かしい存在になったが、いまから見れば翳《かげ》りの徴候がないこともなかった。

組織の肥大化、構成の複雑化

その第一は、まず組織の肥大化である。一八五七年、モルトケが参謀総長代行になった時、彼の指揮下にあった将校は六十四名であった。それが普仏戦争が終わった一八七一年には百三十五名に膨《ふく》れ上がった。それから戦争もなかったのに、一八八八年、彼が参謀総長を辞任した時は二百三十九名になっていたのである。三十年間に約三・七倍強の増加ということになる。

しかも構成も複雑になってきた。プロイセンを中心とするドイツ帝国は一種の連邦的性質を持つものであって、参謀本部にも諸邦から来た部員がいた。いま挙げた人員のなかでも、百九十七名はプロイセン軍に属し、二十五名はバイエルン軍に、十名はザクセン軍に、七名はヴュルテンベルク軍に属していた。バイエルンなどが加わったことは、参謀本部にもカトリックの要素が入ってきたことを意味し、また士官もユンカー出身者の比率は落ちていた。普仏戦争終結の翌年ですら、参謀本部員の約三分の一は中産市民《ブルジョワ》階級出身であり、名前にｖｏｎが付かない。そのうちの一人はユダヤ人である。

戦争がないのに、着実に戦争関係機関の人員の増えることに注目したイギリスの軍事史家パーキンソンは、いわゆる「パーキンソンの法則」を発見した。パーキンソン（C. Northcote Parkinson）はイギリス海軍省を中心にして調べたのであったが、おそらくドイツ参謀本部についても、この法則が当てはまるであろう。イギリスの海軍も極盛期にはスタッフ・ワークの人員は少なく、また植民地省もイギリスの植民地時代の最盛期にはバラック同様の建物だった。ところが最盛期を過ぎた頃から建物は立派になり、人員も着実に増えてきていると言うのである。プロイセン参謀本部の煉瓦《れんが》造りの立派な建物が議会の向かい側のベンドラー・シュトラーセに建てられたのは、普仏戦争のあとまもない頃であった。そしてこの建物が建ち、人員が増えつづけてから、実にドイツ軍は一度として戦争に勝ったことはないのである。

“創業者利得”は永遠にあらず

第二は、普仏戦争の勝利は、世界中の目をドイツ参謀本部に惹《ひ》きつけ、その模倣者をいたるところに生んだことである。

まず第一にフランスは、ミリベル将軍（Miribel）が、プロイセン参謀本部を手本として、フランス参謀本部（État-Major Général de l'Armée）を敗戦の年に組織した。これは四つの部局《ビュロー》に分かれていたが、その第二部局《デュズム・ビュロー》はもっぱらドイツ軍を研究する部であり、のちに威力を発揮することになった。いまでもフランス語で第二部局というのは、軍の陸海軍とも情報部の意味に用いられている。戦前は、フランス軍の将校の進級は、実力よりも上官の気に入るか否《いな》かが大きい問題で、地味《じみ》に作戦の研究をするよりも、むしろ権勢家の門をくぐり、社交界に出入りし、そこで評判のいい人間になることに心がけるのがよいという風潮さえあった。極端に言えば、自分の部下の下士官に気を使うよりも貴婦人たちに気を使うという風潮がなくもなかったのである。また参謀士官と隊付士官の区別が厳重すぎて、戦争の実際に疎《うと》い人間が作戦を立てるため、うまくゆかないことが多かったのである。これは進級規定が厳格でスタッフとラインの交替制を持つプロイセンに比べて本質的に劣っているところであるが、それらが改善され、またクラウゼヴィッツなども研究されるようになったのである。ナポレオンでさえ、その戦術が研究され、徴兵制や師団制が真似《まね》されると勝てなくなったものであった。

こういうような「プロイセンに見倣《みなら》え」という風潮は、フランスにおいてのみならず、ロシア、イタリア、トルコ、それに日本などにおいても同じことであった。アメリカも米《べい》西《せい》戦争（一八九八）の手際の悪さと、普墺・普仏戦争の手際のよさを比較して反省し、ルート（Elihu Root. 一八四五—一九三七）が、第二十六代大統領セオドア・ルーズヴェルト

(Theodore Roosevelt. 一八五八—一九一九)の時代に、ドイツのそれをモデルにして新機構を作った。これがペンタゴン(国防総省)のはじまりである。

日本の兵制について一言すれば、山縣有朋《やまがたありとも》は元来、ドイツ式が望ましいと考えていたが、大村益次郎《おおむらますじろう》がすでにフランス式に決めており、しかもドイツ語のわかる人間が当時少なかったので、ドイツから軍事教官を呼んでもあまり役に立ちそうにもないということで、フランス式に従ったのであった。普墺戦争はすでにあったのだが、モルトケの名は知られず、ナポレオンの名前のみ響きわたっていた。そして鎮台《ちんだい》制と、徴兵制が、さっそく採《と》り入れられたのである。

山縣も大山巖《おおやまいわお》も早くから欧州の兵制には注意し、普仏戦争も出張して見ているのだが、ドイツ軍の勝利の原因をドイツ側の長所に求めず、フランスの国内情勢の悪さに求めていたと言われる。そのうちだんだんドイツ軍勃興《ぼっこう》の歴史がわかってきたので、大山巖が渡欧して本式に兵制視察をすることになった(一八八四年=明治十七年)。この時、大山を最もよく助けたのが川上操六《かわかみそうろく》と桂太郎《かつらたろう》であって、ドイツ式を採用することに決定し、その教育者としてモルトケの愛弟子《まなでし》メッケル少佐(Klemens Meckel)を連れて帰ってきた。かくして鎮台は師団となり、軍制はドイツ式に変わって日清・日露の両役《りょうえき》に臨《のぞ》むことになったのプロイセン＝ドイツ参謀本部の栄光は、世界中の国々をその画期的「頭脳集団」システムの模倣者にした。日本も然《しか》り（下・陸軍参謀本部）、アメリカも然り（左・国防総省《ペンタゴン》）であった

である。

特に川上は晩年のモルトケに親しく教えてもらったと言われる。このため日清戦争における川上の戦争指導はモルトケの真似をしすぎるところが見られた。当時、川上は参謀次長であったが、参謀総長は有栖川宮《ありすがわのみや》であったので、彼が実質上はプロイセン軍におけるモルトケの地位にあったことになる。川上はたとえば平壌《ピョンヤン》を攻撃する時でも、元山《ウォンサン》とか京城《ソウル》とかから分散進撃・包囲攻撃の形をとっている。もちろん当時の清《しん》国軍にはそんな入念なことをする必要はなかったのである。碁・将棋においても相手の実力がわからない時は、どんな下手な相手に対してもまずは定石《じょうせき》どおりやってみるのと似ていると言えよう。

日露戦争には川上か田村（怡与造《いよぞう》）が参謀総長になるはずであったが、二人とも対露戦準備のため過労で死に、内務大臣をやっていた児玉源太郎《こだまげんたろう》がその任に就《つ》いたのであって、モルトケが終始一貫、長期にわたって立案・実行したのとはだいぶ事情が違う。その児玉も戦後まもなく死んでいる。モルトケが九十一歳で議会演説をした頑健《がんけん》さとはあまりにも対照的であるのに驚く。しかしメッケルに育てられた人たちが各軍団の参謀長クラスになっていたので、戦略思想に共通点があり、よくロシアの大軍に勝利を得る一因となったのである。

二人の巨人が予言するドイツの運命

ドイツ参謀本部が世界の注目を集めるとともに、モルトケもスーパー・スターになった。これはまことに危険な徴候である。参謀本部や参謀総長は相手にマークされないのが、いちばんよいのであるのに、「参謀の無名性」が失われはじめたのである。ドイツの仮想敵国たちが、まずドイツの参謀本部と参謀総長をマークするようになっては、利点の多くはすでに失われているとも言えよう。

一八九〇年、モルトケの九十歳の誕生日は国を挙《あ》げて祝われ、その前夜にはベルリンの市民やベルリン大学生の松明《たいまつ》行列まであったという。祝賀当日は皇帝はじめ諸公・諸将軍が列席し、各方面からの祝詞などは文字どおり山をなした。もちろん、モルトケの国家に果たした功績から言えば当然であろう。しかし普墺戦争の時は師団長ですらモルトケの名前を知らぬ人がいたのに、いまや彼はビスマルクと並んでプロイセン第一の名士であったのである。相手国の意表を衝《つ》くような作戦を立てる仕事をする人が、最も明るい脚光を浴びることこそ危険の徴候であったのではないか。

もちろん、これはモルトケの罪ではない。彼は自《みずか》ら進んで人目につこうとするようなところがなかった人なのであるから。しかし彼をこのように担《かつ》ぎ上げるドイツ人の心理のなかにこそ、危機は胚胎《はいたい》していたのである。無敵ドイツ参謀本部——この観念こそ危険なものだったのだ。古来、スペインの無敵艦隊《アルマダ》をはじめとし、「無敵」を誇って敗れなかった例はないのである。ちょうど、常勝将軍と呼ばれた株屋が必ず破産したように。

モルトケほど長い人生が不断の昇り坂であり、老年になってますます明るく曇《くも》りなき栄光に包まれた人は稀《まれ》であるが、その彼が将来のドイツの運命については楽観的でなかったことは、注目すべきことである。普仏戦争において、彼が信じたように野戦の勝利が講和と結びつかず、長期にわたる国民的抵抗を生んだことについて、彼は誰よりも鋭《するど》く反省していた。彼はおそらく「武装した農民を撃退するのは兵士の一隊を撃退するほど簡単なものではない」という、クラウゼヴィッツの怖《おそ》るべき洞察を反芻《はんすう》していたのかもしれない。それでこう予言した。

「将来の戦争は、七年戦争や三十年戦争のように長期のものとなるであろう。これからのちは、いかなる現代の大国も、一つや二つの作戦の成功で、殲滅的《せんめつてき》に相手を撃破することはできないであろうから」と。

同じようなことを死ぬ少し前のビスマルクも予言した。

「この国の外交がしくじれば大戦争が起こるであろう。そして七年ぐらい続くかもしれない。ロシアが共和国になるのは世間が考えているよりずっと早いだろう。ドイツは再び衰退期に入るであろうが、再び新しい栄光の時が来る。しかしその時はドイツも共和制になっているだろう」と。

モルトケ、ビスマルクという七週間戦争（普墺戦争）、六カ月戦争（普仏戦争）という短期完勝のレコードを作った巨人たちが、そのようなよき時代（?）の終焉《しゅうえん》を自覚し、ドイツの前途に少しの楽観も示さなかったのは注目に値《あたい》しよう。事態はまさにそうなったのであるから。しかし彼らの後継者たちは必ずしもそう考えなかったのである。

「神のごとき者」の後継者たち

一八八八年、皇帝ヴィルヘルム一世が死亡し、皇太子フリードリッヒ三世（一八三一―一八八八）が五十七歳で即位したが、在位百日足らずで喉頭癌《こうとうがん》のために続いて死亡した。あとを継いだのはその子ヴィルヘルム二世（在位一八八八―一九一八）である。これを機会にモルトケは「高齢のため馬に乗れないから」と言って辞任し、それから三年後、九十一歳で死去した。一方、ビスマルクは大いに若い新帝を補佐しようとしたが、かえってうるさがられて遠ざけられ、迫害に近い冷遇のうちに、一八九八年、八十三歳で死亡した。

つまり、一八八八年にヴィルヘルム一世が死んでから十年以内に、フリードリッヒ三世、モルトケ、ビスマルクと、建国の苦労をした人たちが四人も続々とこの世を去り、ドイツの最高指導層がぽっかり欠けて、そこで一人威張《いば》っているのは、軽薄な才子で、驕慢《きょうまん》・怯懦《きょうだ》な二十九歳の皇帝ヴィルヘルム二世だけということになった。彼の側《そば》にはビスマルクのような有能な政治家もおらず、ローンやモルトケのような剛毅《ごうき》な軍人もいなかった。

一八八一年に参謀次長になったヴァルダーゼーは、プロイセンの将軍を父とし、またプロイセンの将軍の娘を母として生まれ、幼年学校を経て軍人となった人で、まことに毛並みがよかった。パリの駐在武官をしていた頃、フランス軍の長所と短所に関する評価を送ったが、それがずばぬけて正確だったため、ビスマルクやモルトケや国王の注意を惹《ひ》き、それが出世のきっかけとなったのである。彼は人あたりのよい外見を有し、また富裕なアメリカ婦人と結婚したため、豪奢《ごうしゃ》な生活をし、それがまた彼の経歴に有利に働いた。

しかし彼はモルトケの軍事的才能を欠き、人格的に言って、あてにならず不誠実なとこ

▶帝国建設の英雄・ビスマルク、退陣す——船を下りる老船長《ビスマルク》を見下ろすのは、新帝ヴィルヘルム二世。彼の「新航路」政策はドイツの外交的孤立を招いた

ろがあった。天成の陰謀家というのも定説になっている。政治にも野心があり、軍事省を単なる管理の中央事務所化し、自分の参謀本部の権限を徹底的に拡大しようとした。一八八三年以降は、軍事大臣に何らの相談や報告もなく帷幄上奏《いあくじょうそう》する権限を獲得したが、これはモルトケすら必要を認めなかったほど大きな権限である。モルトケは国王に呼ばれた時に答申するだけで満足していたのである。

しかし何と言っても一番大きなヴァルダーゼーの欠点は、ビスマルクの外交政策の長所を認めえなかったことである。彼は新帝ヴィルヘルム二世と組んでビスマルクを追い出し、ビスマルクが最後の御奉公《ごほうこう》ということで九〇パーセント仕上げかかっていた独露《どくろ》密約をパーにしてしまったのだ。ドイツが密約する意志のないことを知るや、ロシアは一転してフランスと同盟を結ぶことになった。かくしてドイツは東西二正面に大陸軍国を敵として持つことになったのである。

ヴァルダーゼーは、新帝を操《あやつ》るつもりでいた。しかしヴィルヘルム二世は、自分は軍事的な天才を持っていると自惚《うぬぼ》れていたから、彼の言うとおりにならない。特に海軍増強では意見が合わなかった。それで在職二年半にして総長の職を退かされてしまったのである。

彼はどちらかと言えば軽率な主戦主義者であったが、さすがに晩年は、ドイツの前途に強い不安を感じていたようである。彼が陰謀に一役買って追い出したビスマルクのあとに首相となったカプリウィ伯爵（Leo Caprivi. 一八三一―九九）は、軍団長から引き抜かれてきたものの、政治的手腕は特になく、在任四年後の一八九四年に罷免《ひめん》され、その後任はホーエンローエ公爵（Chlodwig von Hohenlohe-Schillingsfürst. 一八一九―一九〇一）であった。彼はビスマルク時代の駐仏大使として才能を示したが、当時すでに七十五歳であり、これという仕事も残さず一九〇〇年にビューロー伯爵（Bernhard von Bülow. 一八四九―一九二九）と交替した。このビューローも、彼のあとを継いだベートマン・ホルヴェーク伯爵（Theobald von Bethmann-Hollweg. 一八五六―一九二一）も、ドイツを外交的孤児の状態に陥《おちい》ることから救うことはできなかったのである。

第5章

「ドイツの悲劇」は、なぜ起きたか

――ドイツ参謀本部が内包した〝唯一の欠点〟

リーダーなきスタッフの悲劇

一八九〇年にビスマルクが退場して以来、ドイツからはこれぞという政治的指導者が出なかった。ドイツを国際的孤立から防ぐ外交家が出なかった。一方、軍のほうからは強力な参謀総長シュリーフェンが出たのである。プロイセン＝ドイツの興隆の時代には、ヴィルヘルム一世の左右には、政治のビスマルクと軍事のモルトケが車の両輪をなすがごとくあって、奇蹟的な大業をなしたのであったが、いまや、政治という大所高所から国を考えるべきリーダーがなく、スタッフである参謀本部にのみ人材がいることになった。バランスは失われたのである。

シュリーフェン伯爵（Alfred von Schlieffen. 一八三三—一九一三）がヴァルダーゼー失脚のあとを受けて参謀総長の位置に就《つ》いた。彼の父も軍人（少佐）であったが、先祖は元来コルベルクの市民で、市長とか市参事会員などを出した家柄である。貴族の称号を受けたのは比較的新しく、シュリーフェン自身、自分の勤勉さは市民階級であった先祖のおかげであると言っていた。したがって、学歴も彼の前任者たちとは違いギムナジウム（普通高校）

からベルリン大学に進み、法律の勉強をはじめたが、試験のために法律の条文を覚えるのが面倒臭《めんどうくさ》くなって軍隊に入ることにしたのだという逸話がある。したがって、軍隊のなかではエリート・コースから外《はず》れた平凡な将校としての道を歩いた。従妹と結婚し、幸福な家庭生活を送っていたが、結婚後わずか四年目に愛妻を産褥《さんじょく》に失ってからは陽気で快活な性質がしだいに消えて、峻厳《しゅんげん》にして、よく読書し、よく思索に耽《ふけ》る傾向が強まっていった。

彼はいわゆる晩稲《おくて》の人間であり、四十歳頃からの成長がめざましい。四十三歳の時に近《この》衛槍騎兵《えそうきへい》第一連隊長になり、七年間その任にあったが、彼はその職が自己の限界であると諦観《ていかん》し、まことに見事に連隊を掌握《しょうあく》し、めざましい訓練の成果を上げたのである。これが認められて五十一歳の時に参謀本部に配属された。モルトケやヴァルダーゼーにも目をかけられ、五十八歳の時に参謀総長に就任した。奇《く》しくもモルトケが参謀総長になった時と同じ年齢である。

彼の先任者ヴァルダーゼーはむしろ予防戦争主義者であったが、シュリーフェンはどっちみちドイツは戦争せざるをえなくなるという暗い運命論者といった風《ふう》であった。しかもその見通しにおいて、ドイツは多正面作戦、あるいは少なくとも二正面作戦を強《し》いられるという認識を変えたことがなかった。彼はドイツ参謀本部の伝統的な見解を持ち、ドイツは自己より強大な国々に包囲されており、自《みずか》らを護《まも》るべき天然の要害はないという観念に取り憑《つ》かれていたように見える。そして、つねに多正面作戦や二正面作戦を必然の運命と考えていたことは、シュリーフェンがドイツの政治家のリーダーシップを信じていなかったことを意味する。

ビスマルクは一度としてモルトケに多正面戦争や二正面戦争をさせたことがなかった。モルトケが常勝だったのは、つねに一正面作戦で済《す》んだからである。リーダーなきスタッフの悲劇はもはや歴然としてきた。

ビスマルクやモルトケは晩年になって、次の戦いは長期戦争になるだろうと予言していたが、シュリーフェンは大軍を動かす近代戦争が途方もなく金を喰《く》うものであることに注目して、いかなる国家も、今後は長期戦には経済的に耐《た》えることができぬから、短期決戦を目標とし、そこに合わせてドイツの全戦略を決定しようとした。将来の戦争に対する根本認識がモルトケと違うのであるから、当然、その具体的な戦略も違ってくることになる。

まずモルトケは外線作戦を方針としていたが、シュリーフェンは多正面戦争には活潑《かっぱつ》な内線作戦の必要があるとした。またモルトケは今後は一つの会戦で戦争が決まることはないだろうと言ったが、シュリーフェンは多正面戦争においては、敵を一つずつ各個撃破しなければならぬから、一つひとつの戦闘は決定的な撃滅戦にならねばならぬとした。またモルトケは撃破しやすい敵をまず攻撃しようとしたが、シュリーフェンは、まず最も強大で最も危険な敵を全力を挙《あ》げて撃滅する必要があるとした。

具体的な例を挙げると、同盟したロシアとフランスと戦わねばならぬ時、モルトケは、ロシア軍の動員がのろいことを考えて、まずフランスと戦い、そして戦場で勝ったとしても前の戦いの例からフランスを降伏させることはまず不可能であろうから、そこで外交手段で大幅な譲歩をしてもよいから講和し、それからロシア軍を叩《たた》くのがよいと考えた。しかしその後、フランスの国境の要塞の増強を見ると、方針を変え、まずライン川を中心にしてフランス軍を防禦《ぼうぎょ》し、その間にロシア軍を迅速に叩くという作戦を考えた。

これに反し、シュリーフェンは、ともかく全力を挙げて六週間以内にフランス軍を撃滅し、それ以後、東部に転じてロシアと戦うという方針に変えた。

全体的に見て、モルトケは現実認識からはじまっている感じがするが、シュリーフェンは「なになにしなければならぬ」からはじまっている感じがする。しかもその前提は、「近代戦を長く戦える国はない」ということであったから、間違った前提からすべてが引き出されてきたことになる。第一次大戦には独仏英などは実によく長期間耐えたのであるから。

それにモルトケの場合は外交をあてにする思考法があったが、シュリーフェンの場合はただ撃滅あるのみであって、外交の要素は入ってこない。国家のリーダーシップが考慮に入ってこないことこそ、めざましいことと言わねばならぬ。

シュリーフェン・プラン

シュリーフェンが最初に実戦に参加したのは、普墺戦争における「ケーニッヒグレーツの戦い」であった。ここで彼は包囲戦による決定的な勝利というものを自分の目で見た。この戦争の第一印象は深く彼の脳裏に刻印されたようである。後年、彼が参謀総長として、短期多面戦争、完全各個撃破という根本戦略を立てた時、古今の戦史を参考にしたが、特に多面戦争に関してはフリードリッヒ大王の七年戦争を、完全撃破についてはハンニバルのカンネの殲滅《せんめつ》戦を最も参考にしたようである。彼は日露戦争も検証しているが、正面攻撃して勝っても成果は僅少《きんしょう》で、敗れたほうも少しの期間のあとにまた戦力を恢復《かいふく》し、持久戦の様相を呈《てい》してくると批評している。日本は遼陽《りょうよう》でも奉天《ほうてん》でも勝ったが、ロシア軍はまだ戦う力があった。それを救ったのは日本の外交であるが、シュリーフェンは外交をあてにしていない。

このようなシュリーフェンの立場は結局、いわゆる「カンネの思想」に結晶されてくる。「カンネの戦い」とはカルタゴのハンニバルが、紀元前二一六年八月二日に、約四万人の兵力で、八万六千人のローマ軍を完全に包囲殲滅した戦いのことである。ローマ軍は建国以来という大軍をさしむけながら、約半数の兵力の遠征軍に徹底的に殲滅され、死者は主将パウルスはじめ七万人以上にのぼり、生きて帰った者は一万四千人にすぎなかったが、これに反し、ハンニバルの軍は死者は十二分の一にも満たぬ五千七百人であったという。兵力の少ない者が、多い者を徹底的に殲滅した点で、これほど完璧《かんぺき》な例は世界史にも稀《まれ》であろう。シュリーフェンは、これをドイツ軍の将来の戦いの理想としたのである。

しかし、ここでもシュリーフェンは重大なことを見落としていた。つまりカンネの戦場の大勝利を巧みに利用して戦争の勝利に結びつけるだけのリーダーが、カルタゴの政治家の間におらず、戦争はそのままずるずると十四年間も続いて、ハンニバルはザマの戦いに敗れ、カルタゴ自体も消滅するのである。シュリーフェンの視野はカンネの後始末までは及ばなかったようである。

さてシュリーフェンは「カンネの思想」を根幹として全力を挙げて徹底的に対仏作戦を

考えた。その結果、シュリーフェン第二次案、いわゆるシュリーフェン・プランが、一八九八年の段階で一応完成した。彼は、スイスは山岳地帯は防禦が簡単なので一応考慮の外におき、比較的小軍をフランス国境に並べたまま主力を挙げて北進し、ベルギーの中立を侵《おか》し、そのまま南下してアミアンを目がけて進出してからパリの背後に出、さらに回ってスイス国境まで北進するという大胆にして雄大な計画で、それはまことに大規模化されたカンネの戦いであった。これをもって彼は六週間以内に優勢なるフランス軍に二度と立ち上がれない殲滅的打撃を与えうると信じたのである。その期間、もしロシアがポーランドを通過し、東プロイセンに侵入したとしても、イギリスがデンマークに上陸したとしても、そのままにして対仏戦を敢行《かんこう》するという、俗に言う、肉を切らせて骨を断《た》つ態《てい》のものであった。彼はこの構想に基《もと》づき、優勢な敵軍に対する各個撃破と、殲滅戦の訓練を徹底して行わしめたのである。

シュリーフェンは勤勉の人であった。毎朝健康のために乗馬し、その後、毎日夜の七時まで、時として夜半まで勤務した。あらゆる可能性の検討、徹底した訓練、それに必要な武器の開発と整備など、仕事は多かった。軽榴弾砲《けいりゅうだんほう》や移動式重砲の採用などは彼の力によるものである。個人として彼は他人に対しても厳しく、演習などにおける講評も辛辣《しんらつ》を極《きわ》め、部下の感情を害することにも気を留《と》めなかったという。モルトケは部下に優しく思いやりがあり、参謀本部全体にモルトケ一家の雰囲気があったのとは大違いであった。

しかし二正面作戦をやればドイツ軍は通常手段では必敗、唯一の活路はベルギー大迂《だいう》回《かい》によるパリ攻撃のみ、という彼の結論の明快さと強力さには、参謀部員の誰もが納得せざるをえなかった。もちろん批判者はいた。たとえばフォン・デア・ゴルツは、国境要塞強化論を述べたし、シュリヒテング（von Schlichting）は、あらかじめ六週間で勝つような計画は立てるべきでなく、モルトケ式にもっと柔軟にやるべきだとした。しかし大勢はシュリーフェン・プランを支持した。

ここでまた参謀本部の性質にとって好ましからざる事情が起こった。それは、外国人にもドイツ国民にもシュリーフェンの名前が有名になり、他の政治家や陸軍大臣などは霞《かす》んでしまったことである。そしてシュリーフェン・プランなるものが、詳しい内容は別としても、いたるところで囁《ささや》かれることになった。最も人目につかず、無名でなければならぬ参謀とその計画が、世界的に有名になったのは皮肉であり、ドイツにとっては悲劇でもあった。ベルギーもその噂《うわさ》に怯《おび》えて、リージュやナムールを要塞化しはじめる。しかしシュリーフェンは第一次大戦がはじまる一年半前の一九一三年一月、八十歳の高齢でベルリンで死の床についていた時も「右翼（ベルギー突入予定軍）を徹底的に強大ならしめておけ」と遺言した。

小《しょう》モルトケが参謀総長に任命された理由

一九〇五年八月、例の朝の騎乗をやっていたシュリーフェンは、一緒に出かけていた同僚の馬に蹴《け》られ、足にひどい怪我《けが》を受けた。すでに老齢であった彼は再び激職につくことを断念せざるをえなかった。時あたかも、モロッコ事件の折《おり》で、全世界がドイツの動きに目を注いでいた時である。しかも次期参謀総長として彼の後継者となってその大プランを受け継ぐ人はいなかった。衆目《しゅうもく》の見るところ、フォン・デア・ゴルツかビューローがふさわしいと思われたが、皇帝《カイザー》ヴィルヘルム二世は、モルトケの甥《おい》のモルトケ（Helmuth von Moltke. 一八四八―一九一六）、いわゆる小モルトケをシュリーフェンの後任として任命した。

小モルトケはその器《うつわ》でなかった。しかも彼自身も自分にそんな才能のないことを知っていたのである。前任者のシュリーフェンも彼を高く買わず、彼が前年に参謀次長に任命されたのもシュリーフェンの意志に反してのことであった。

「殲滅《せんめつ》戦」の思想

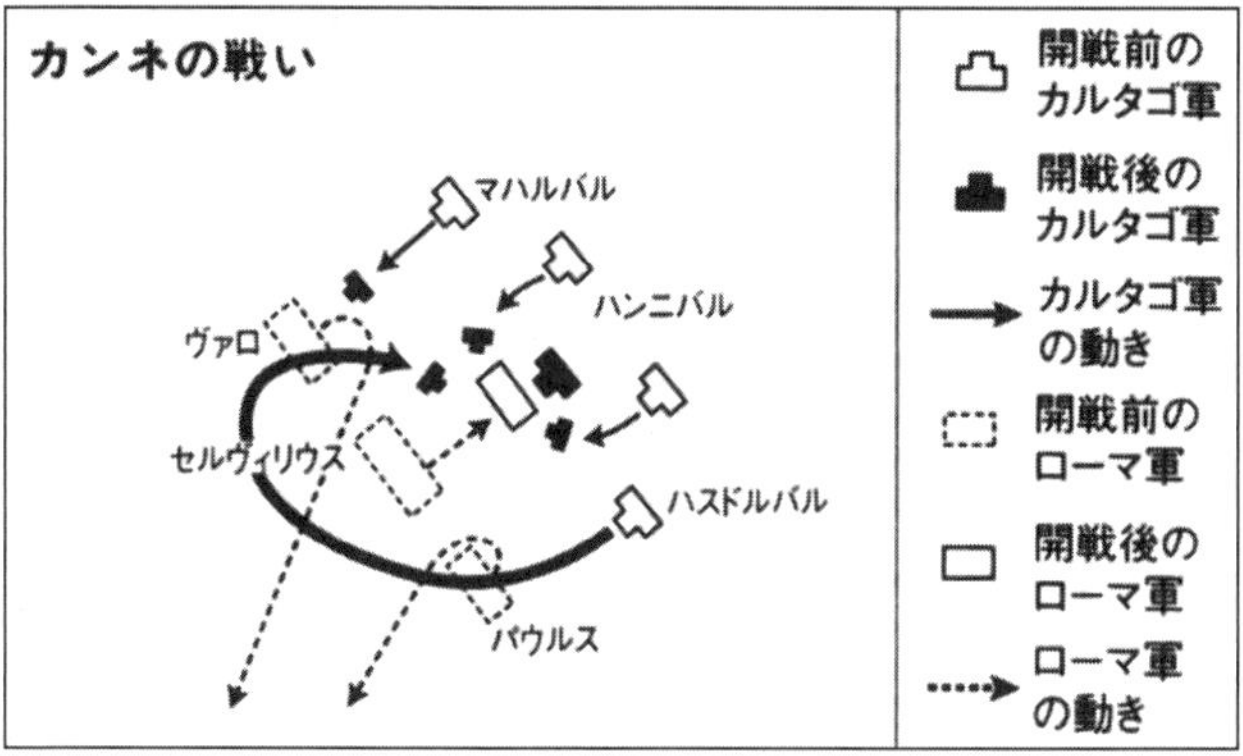
カンネの戦い
マハルバル
ハンニバル
ヴァロ
セルヴィリウス
ハスドルバル
パウルス
開戦前のカルタゴ軍
開戦後のカルタゴ軍
カルタゴ軍の動き
開戦前のローマ軍
開戦後のローマ軍
ローマ軍の動き

シュリーフェン・プラン
（第2次案）
ベルギー
マース川
アーヘン
右翼軍
ナミュール
アミアン
モーブウシュ
中央軍
ルクセンブルク
セダン
南方軍
ランス
ライン川
マルヌ川
パリ
ベルダン
メッツ
セーヌ川
ツール
左翼軍
（持久正面）
ストラスブール
オルレアン
エピナール
ベルフォール
スイス
ドイツ軍
ドイツ軍進撃予定
フランス軍
フランス軍進撃予定

彼はシュリーフェンの考えるように次の戦いは一大包囲戦などで終わるまいと思っており、陸軍大演習にカイザーが包囲戦に勝って喜んでいるのを見ると、いつも、「陛下は負けっこない戦争ゲームをやっておられるので、実戦に関係ありません」などという苦言を呈《てい》していた。つまり小モルトケは皇帝をも、シュリーフェン・プランをも、自分自身の軍事的才能をも信じないまま、仕方なく参謀総長の重職を押しつけられた感じである。耽溺《たんでき》するほど文学が好きで、参謀演習旅行にもゲーテの『ファウスト』を抱《かか》えて行き、しかもオカルト好きの妻とともにクリスチャン・サイエンスに凝《こ》っているような男を、陸軍の最高の地位に戴《いただ》いて世界大戦に突入したのだから、ドイツも不幸な民族であった。

ヴィルヘルム二世がモルトケを参謀総長にしたことには軍事的な根拠はなかった。ただ彼はモルトケという名前が好きだったのである。母方の祖母(ヴィクトリア女王)の国イギリスが大海軍を持っているのを羨《うらや》んで、国際的摩擦《まさつ》も怖《おそ》れずに自分の海軍を欲しがったと同様、偉大なる祖父ヴィルヘルム一世が持っていた偉大なる大参謀総長と同じ名の参謀総長を、自分も持ってみたかったのである。玩具《がんぐ》を欲しがる他愛《たわい》のない子どもみたいな話であるが、若くして帝位に就いたカイザーは、実際に子どもみたいだったのだ。その点から見れば小モルトケは申し分《ぶん》なかった。若い時から伯父の副官として宮廷に出入りし、マナーが洗練されていたうえに、体躯《たいく》堂々としてすこぶる押出しがよく、カイザー好みだったわけである。かくして無名性を特徴として出発したドイツの参謀本部は、名前の響き具合を基準として選ばれた総長を戴《いただ》くことになったのである。

骨抜きにされたシュリーフェン・プラン

一九一四年、オーストリア皇太子暗殺事件が起こった時、ドイツは開戦する決意も固まらない状態のままオーストリアに引きずられて大戦に突入したのであった。ドイツが総動員令を出したのは、一九一四年八月一日の午後四時で、欧州大陸のどこよりも遅かった。しかも、なお自分が宣戦布告者になるのを怖れてぐずぐずしていたが、ベルギーの進路を開かざるをえない立場にあったドイツは、結局、宣戦布告者にならざるをえず、八月三日に開戦を布告した。外交は慎重でありながら、いったん開戦するとなった場合は断乎《だんこ》としていたビスマルク＝モルトケのコンビから見ると、これが同じ国かと思われるほどのまずさであった。

シュリーフェン・プランを信じなかった小モルトケも、別にそれに代わる、よりよき代案があったわけでなく、結局やったことはシュリーフェン・プランを水で薄めたようなものであった。シュリーフェンはロレーヌ地方などでは攻勢に出ず、東部戦線は犠牲にし、その他一切《いっさい》の敵情にかかわらず強大な右翼をもって一挙にパリを占領して、そこから北に攻め上るという断々乎《だんだんこ》としたものであったのに、小モルトケは、大モルトケの第一線の指揮官尊重を大モルトケの構想なく採用したため、西部戦線の正面で戦闘が起こってしまい、一時どこを主戦場にするかわからなくなったし、また東部戦線にロシア軍が進出すると、そうそうに二軍団を右翼軍から引き抜いて、「ただただ右翼を強めよ」と言ったシュリーフェン・プランを骨抜きにしてしまった。

結果論的に言うならば、シュリーフェン・プランは成功したであろうというのが、専門家の一致した意見のようである。もしシュリーフェン・プランに忠実に、各軍団を大隊教練における中隊のごとく指揮して、右翼軍を強大なままにして戦争を続行したならば、パリは陥《お》ち、英仏軍はほぼカンネのごとく殲滅《せんめつ》されていた公算が大であるという。骨抜きにされたシュリーフェン・プランでも連合軍の左翼は破れ、パリから五十キロのところまでドイツ軍は到達したのだから。

モルトケは激務に耐《た》えかね、神経衰弱から意気銷沈《しょうちん》してしまった。カイザーは戦争がはじまったら自分が総指揮を執《と》るなどと言って慰めていたのだが、実際はじまるとその責任を逃げたので、結局、小モルトケ一人の肩に重荷がかかってきたのである。

その後任として一九一四年の十一月に参謀総長の要職に就いたのは、当時五十三歳で軍事大臣をしていたファルケンハイン（Erich von Falkenhayn. 一八六一―一九二二）であった。彼は軍事大臣と参謀総長を兼ねた最初の人である。フリードリッヒ大王時代の将軍を先祖に持つ名家の出身者である彼も、充分立派な作戦指導をしたにもかかわらず、年の若さなどで、決定的な勝利に導くことはできなかった。

「ドイツにもロイド・ジョージが欲しい」

事態は重大になってきた。もはやこの難局を乗り切れる人間としてはヒンデンブルク（Paul von Hindenburg. 一八四七―一九三四）とルーデンドルフ（Erich von Ludendorff. 一八六五―一九三七）のコンビしかなかった。一九一六年八月、ヒンデンブルクが参謀総長に任ぜられ、ルーデンドルフが首席参謀次長（実際には彼の希望でGeneralquartiermeist-erという）という新設の役職に就いた。これは実質的にはヒンデンブルクを総司令官にし、ルーデンドルフを参謀総長にしたことになる。ヒンデンブルクを上に持ってきたのは、いままでこのコンビがしばしば大功を立て、ヒンデンブルクはルーデンドルフに自由に腕を振るわせてきたという実績があったからである。この人事は小モルトケによるものであったという。ルーデンドルフは鉄十字章を持つ騎兵大佐の子に生まれ、知力も実力も自信も抜群であり、大戦の後半は彼の独裁時代と言ってもよいくらいであった。そして戦術面においては敵味方を通じて最も優《すぐ》れていたことには違いないが、さすがに軍事以外のことについては能力の限界を感じ、「ドイツにもロイド・ジョージ（大戦中のイギリス首相）が欲しい」などと言っていた。イギリスのロイド・ジョージやフランスのクレマンソーのような卓越したリーダーはドイツにはいなかったのである。

かくしてドイツは総動員数三千三百万の連合軍を向こうにまわして四年以上戦い、一歩も国境内に敵兵を入れさせなかったにもかかわらず、ついに敗れたのである。

ドイツの敗戦の原因はいろいろ考えられるが、軍事的視点から見るならば、リーダーシップの欠如の一語に尽きると思う。大モルトケはさすがに「戦争において確実なる要因は指揮官の戦意のみである」と言っていたが、リーダーの養成は国家的レベルにおいても軍団のレベルにおいても不充分であった。

国家的レベルにおける欠如については、当時のドイツの首相で、今日、一般にその名が知らされている人物が一人もいないことからも明らかである。皇帝ヴィルヘルム二世は有名ではあったが、国家のリーダーとしては最悪の人物であった。軍団レベルの指揮官の欠陥については、旧ドイツ軍最後の参謀総長であったゼークトが、大戦を反省して次のように明快な指摘を行っている。

「おそらく参謀養成の教育が盛んに行われた時代に、指揮官の再教育はかえって不充分であったのかもしれない。すべての将官が必ずしもモルトケやシュリーフェンの精神に則《のっと》る厳格な教育を受けたわけではないのである。これに反して参謀のほうは、それほどの才能のない軍人でも、戦争術の天才にいくらかはあやかることができた。その結果、指揮官は自分の軍事的才能が自分の若き補佐官たる参謀長に劣ることを自覚して、かえってその勢力下に屈せざるをえなかったのである」と。

ゼークトは大戦においてはマッケンゼン将軍（August von Mackensen. 一八四五—一九四五）の参謀長として東部戦線において大功のあった人である。その彼が敗因の一つとして指揮官の養成に欠点があったことを言っているのである。考えてみれば、シャルンホルスト以来、参謀本部の構想は、均質な参謀将校を養成することであって、リーダーの養成ではなかった。昔の戦争ではリーダー・タイプの将軍が多くて参謀能力のある軍人が少なかったと思われるが、いまや逆転したのである。

強力なリーダーの出現への渇望《かつぼう》

ここで一つ付け加えておくべきことは、ドイツは敗れたけれども、限られた戦場におけるドイツ軍の作戦の冴《さ》えは抜群であって、シュリーフェンの各個撃破、包囲殲滅の訓練はやはり大したものだったと思わざるをえないことである。東部戦線では怒濤《どとう》のごとく押し寄せたロシアの大軍が、劣勢なるドイツ軍に包囲殲滅されているのである。

たとえば、ヒンデンブルクとルーデンドルフが指揮した「タンネンベルクの戦い」（一九一四年八月）では、ロシア軍は戦死四万、無傷捕虜九万、負傷捕虜三万を出して国外に逃げたのである。またマズール湖付近の戦いでは、一九一五年の夏までにロシア軍は実に七十五万の捕虜を出した。このほかバルカン半島、特にルーマニアにおけるドイツ軍の働きもめざましかった。

このようなドイツ軍の強さを見事に描いているのが、アラビアのロレンスである。彼は戦争末期のアラビア派遣ドイツ軍のことを次のように言っている。
「例外はドイツ人部隊であった。私はこの時はじめて私の兄弟二人を殺した敵に対して心から畏敬《いけい》を感じた。故国から二千マイルも離れ、希望もなく、嚮導《きょうどう》もなく、どんな強靱《きょうじん》な神経も錯乱しそうな狂瀾《きょうらん》の中にあって、しかし彼らだけは隊伍《たいご》整然として、トルコ人、アラビア人たちの混乱の真只中《まったださか》をまるで装甲艦のように、昂然《こうぜん》として後退した。攻撃を受ければ、踏みとどまって直《ただ》ちに応戦する。急ぐでもなく、叫ぶでもなく、逡巡《しゅんじゅん》もまたしない。それは実にすばらしい光景であった」(中野好夫著『アラビアのロレンス』岩波書店)
これは戦線を撤収するドイツ軍の光景であるが、それをその敵であったイギリス人のロレンスが「すばらしい」と言っていることに注目したい。「公論は敵讐《てきしゅう》より出《い》ずるにしかず」という言葉がある。この一文はドイツ軍の将校の指揮する軍隊の質を示して余すところがない。
ドイツ将兵はいたるところでこのような戦いをしていたので、軍事上の敗戦の実感を持った人が比較的少なかった。戦術的な敗北感を持つことなく戦争に敗れ、苛酷《かこく》なヴェルサイユ体制を味わうことになったドイツ国民の耳には、ルーデンドルフの次の言葉がすっと気持ちよく入っていった。「ドイツは戦場で敗れたのではない。背後から匕首《あいくち》で突《つ》き刺《さ》されたのだ」と。

軍が弱かったのではない。政治指導者がよくなかったのだ、という認識が安易に広まっていった。開戦前にはリーダーがいないのに何となく「無敵ドイツ参謀本部」を信じて戦いに入っていった国が、今度は、何はともあれ強力な政治的リーダーを求めるようになったのである。求めるものは与えられる。ドイツ人には強力なリーダーが与えられた。その名をアドルフ・ヒトラー（Adolf Hitler. 一八八九―一九四五）と言う。

ヒトラーと参謀本部

ルーデンドルフがドイツの敗因を「背後から匕首で突き刺された」と言って政治家の責任のみにした時、それを最も信じなかったのは、若い世代の参謀将校たちであった。彼らは、ドイツ軍の宝と言うべき良質の将校の多くがすでに戦死し、また勇敢なる下士官・兵士の莫大な数が死んでいることを知っていて、敗戦自体について何らの幻想も持っていなかったのである。そして参謀本部から実質的独裁者になったルーデンドルフを見る目も冷ややかであった。そこに彼らは軍人として育った者の限界のようなものを見たからである。

それは教訓として受け取られ、自分たちは政治にかかわるまいと決心する。ドイツには過激な青年将校によるクーデター計画などがなかったのはそのためらしい。

ヴェルサイユ条約の下でドイツ軍の再建に当たったのは、ヒンデンブルクのあとを継いで旧軍最後の参謀総長であり、一九二〇年から一九二六年まで国防軍統帥部長官であったゼークト（Hans von Seeckt. 一八六六―一九三六）である。彼については、クラウゼヴィッツ＝モルトケ型の教養の高い軍人であって、ナポレオンのフランス軍占領下でシャルンホルストがプロイセン軍を再建した方式でドイツ軍再建を図《はか》ったこと、また国際監視の目を逃れるため、ロシアの領域内でタンクや飛行機などの新しい武器の研究をしていたこと、またロシア軍に招かれてその指導に当たったため、赤軍の組織がドイツ式になったことなどを言うにとどめよう。ドイツはまもなく参謀本部よりも何よりもリーダーの時代になるのだから。

第二次大戦前のドイツ参謀本部は、ヒトラーの戦争計画には全面的に反対であった。それで彼が無茶な開戦をしそうな気配があるのを見て、すでに一九三八年頃に暗殺計画があったほどである。しかし、戦争がはじまればリーダーに服して全力を尽くして戦うのは参謀本部の義務であった。

ヒトラーは下層階級の出身で、第一次大戦の時も、上等兵か伍長ぐらいで従軍した。そのため、彼はプロの軍人、特に名家出身の秀才が多く集《つど》っている参謀本部には劣等感《インフェリオリティ・コンプレックス》を持ち、それがまた裏返しに出て、参謀本部案にはことごとに反対したいという根強い欲求があったようである。

たまたまそれに油を注ぐようなことが起こった。最初のうち参謀本部は、フランスのマジノ線を突破することは不可能と判断して作戦を練《ね》っていた。ところがヒトラーは参謀本部が採択しなかったマンシュタイン将軍（Erich von Manstein）の計画にたまたま目をとめたのである。そしておそらくは参謀本部が採択しなかったというただそれだけの理由で、ヒトラーはこの計画を採択し、これによってフランス攻撃を命じた。リーダーがスタッフの意見を完全に無視したわけである。ところがそれが見事に当たって、マジノ線は簡単に破られ、パリは短期間で陥落した。

これによって、ヒトラーの参謀本部に対する劣等感は優越感《シュペリオリティ・コンプレックス》に一変し、その後は何かにつけて参謀本部案を軽蔑してひっくり返し、自分の軍事的天才を自慢するようになった。リーダーがスタッフの案をひっくり返して喜ぶというのは、いかにも子どもじみているし、異常でもある。最初のうちドイツ軍はどんな作戦でも勝てる圧倒的な実力があったので、勝っても別に不思議はなかったのに、ヒトラーは自分のアイデアがよいから勝ったと思いこんだらしい。

このような干渉が作戦に致命的であることは言うまでもないのだが、それを撥《は》ねのける力のある参謀総長はいなかった。モルトケは和戦に関してはビスマルクに従ったが、戦闘に関しては、いっさい口を出させなかったのに、ヒトラーはいちいちの戦闘に口を出しはじめたのである。このおかげでダンケルクからイギリス軍は生き還《かえ》れた。参謀本部に任せておけば、文字どおりの殲滅戦になり、イギリス陸軍の実体はなくなるところだったのに。

ヒトラーの作戦に対する干渉の最も甚《はなは》だしかったのは東部戦線においてであった。参謀本部は、二正面作戦になる対ソ開戦には絶対反対であったのに、押し切られた。それでも開戦後しばらくは参謀本部の計画どおりにスムーズに、あるいは正確に進行した。ところが、まもなく参謀総長ハルダー（Franz Halder. 在職一九三八年九月―一九四二年九月）とヒトラーの間のずれがだんだん大きくなってきた。

たとえば、ハルダーはモスクワを第一目標としたのに、ヒトラーはそれを旧式な考えであると嘲笑《ちょうしょう》し、北のレニングラードと南の工業地帯のほうがはるかに重要であるとした。その頃ミンスクで勝ったドイツ中央軍はまっすぐにモスクワに突入する態勢にあったのだが、ヒトラーはこれを南北に分けてしまう。特にドイツ機甲《きこう》部隊の創設者でソ連軍の最も怖《おそ》れていたグデリアン（Heinz Guderian. 一八八八―一九五四）の第二戦車軍団を南のキエフに回してしまった。もっとも、このためキエフの戦闘はヒトラーの大勝利で六十万のソ連兵の捕虜を得て、またしても彼は自分の天才意識を強めた。しかしその結果として、モスクワ突入は不可能になったのである。南ロシアの作戦を終え、最精鋭の戦車軍団が再び北上しようとした時には霜《しも》の季節がはじまり、戦車は思うように動かなかった。

開戦第一年目にモスクワが陥落することはヒトラーの邪魔さえなければ確実であった、と軍事専門家たちは戦後に書いている。モスクワの陥落があれば、その後の戦局は決定的に違ってきたであろうということには疑問の余地がない。ナポレオン時代と違って飛行機や戦車がある時代であるから、スターリンも危ないところであった。

それにハルダーは占領地区に大幅な自由を与え、「スターリンなき共和制」を認める意向であった。スターリン下のソ連の圧制に苦しんでいたウクライナ国民軍や反共勢力は陸続《りくぞく》としてドイツ軍に投降してきていたのである。しかしヒトラーはハルダーの案を斥《しりぞ》け、これらをすべて捕虜と見なして収容所に入れ、多数を餓死せしめた。これによって、ロシアの一般民衆を決定的にドイツの敵にしてしまったのである。

また参謀本部はイタリア軍の実力をゼロと評価していたのだが、ヒトラーは北アフリカにロンメル将軍（Erwin Rommel. 一八九一―一九四四）の戦車部隊をやったり、地中海の島にパラシュート部隊をやったりして無用に戦線を拡大した。これではもう超多面戦争である。

そしてプロイセン軍以来の伝統である参謀本部と戦闘軍との信頼の原則に代えて、ヒトラーは「部下不信」の原則で動き、細かい作戦にも自分の「天才」を誇示しようとするのだ。それで当時の参謀本部のなかでは、「ヒトラーはスターリンの回し者ではないか」という冗談に実感がこもるほど、彼の作戦に対する邪魔がひどかったという。

ドイツ参謀本部の最期《さいご》

こうしたあげく一九四二年の九月、参謀総長ハルダーが罷免《ひめん》される。ドイツ軍が曲がりなりにもまともに動いていたのはここまでで、その後のドイツ軍にはほとんど勝利がない。スターリングラードの大敗は、それから五カ月後に起こるのである。ハルダーの後任としてスターリングラードに置て参謀総長になったツァイツラー（Kurt Zeitzler）は「第六軍をスターリングラードに置

き っ放しにするのは犯罪である」とヒトラーに直言したが、ヒトラーは聞かなかった。かくして一九四三年二月二日、第六軍の九万のドイツ軍は二十四人の将官と二千五百人の将校とともに、飢《う》えと寒さと弾薬の欠乏から降伏した。これはドイツ軍はじまって以来の戦術的大敗であった。

ヒトラー自身、「俺のエネルギーの多くは参謀本部との争いで浪費されてしまう」と怒っていたというが、彼は意地みたいになって、「何でも反対」式の反対をやっていた。そのうちヒトラーのような異常者にはどうしても国の運命は任せておけないというので、一九四四年七月二十日、スタウフェンベルク伯爵（Claus von Stauffenberg）を中心にした高級将校によってヒトラー暗殺計画が行なわれた。ヒトラーは危機一髪のところで逃れたが、このため彼はますます高級将校を嫌うようになった。

先に参謀総長を辞めたハルダーといい、このスタウフェンベルクといい、二人ともカトリックであったので、ヒトラーのカトリック嫌いはさらに募《つの》って、カトリックの将軍にはカトリックであるという理由だけで任務を与えることを拒否することも起こった。ハルダーの妻も強制収容所に入れられている。また、この暗殺未遂事件に関連してツァイツラーは罷免《ひめん》されて軍服着用の権利を剝奪《はくだつ》されたし、また、この爆発のため多くの重要な将校が負傷した。

ちょうどその頃、東部戦線の状況のわかる高級軍人で近くにいたのはグデリアンだけだったので、彼が参謀総長、つまりドイツ軍最後の参謀総長に任命された。彼はプロイセン軍人の子で根っからの軍人である。そしてヒトラーの戦略上の誤りを糺《ただ》すためには、怖《おそ》れず、執拗《しつよう》に繰り返してやることが何より重要であると信じた。しかしヒトラーは何度も何度もグデリアンの計画をひっくり返して彼を絶望させた。

ヒトラーははじめから参謀本部と陸軍を嫌っていたので、空軍はゲーリング（Herma-nn Göring. 一八九三―一九四六）に任せて、参謀本部から独立させていた。その陸軍嫌いがさらに嵩《こう》じて、戦争の最終段階になると、ドイツを北部軍管区と南部軍管区に二分し、前者を海軍に任せ、後者を空軍に任せた。つまりプロイセン建国以来、つねに国の根幹であった陸軍をまったく無視することにしたのである。このようにして伝統と栄光に輝くドイツ参謀本部は、強力なリーダーの出現によって、実質上は消されてしまったことになるのである。

「リーダー」と「スタッフ」のバランスにこそ

プロイセン＝ドイツ参謀本部は、近代史の動向を左右するほどの意味を持つ組織上の社会的発明であった。

しかし、それはビスマルクという強力なリーダーとモルトケという有能なスタッフの組み合わせの時だけ、めざましい効果を示したにすぎない。その盛《さか》りの時には奇蹟を生むほどの力を示したのに、それは極《きわ》めて短い期間しか続かなかったのである。強力な大組織におけるリーダーとスタッフのバランスの難《むずか》しさを示して余すところがない。

第一次大戦ではリーダーが弱くスタッフが強いというアンバランスでドイツは敗北した。第二次大戦ではその反省と反動から、逆にリーダーが強すぎてスタッフが消されてドイツは完全に崩壊した。

スタッフの養成法のノウ・ハウをドイツ参謀本部は完成したが、リーダーは偶然の発生を待つだけだった。これがドイツの悲劇であった。そしてリーダーの養成法はスタッフの養成法とは違う原理に立つもののようである。

今後の日本にどのようなリーダーがどう現れるかは、われわれの重大な関心事でなければならない。

おわりに——なぜ、新版か

自分の名誉は自分で守るしかない

本書は、二十年ほど前（平成九年時点）に中公新書の一冊として出版された。出版と同時にしばらくの間ベストセラーのリストの上位に出、その後も重版は絶えることなく今日に至ったロングセラーでもある。その後、中公文庫の一冊にも入ったが、よく売れている一冊だと聞いている。

私としては、この本を書くように勧《すす》めてくれた当時の中公新書の編集者の正慶孝《しょうけいたかし》氏や中央公論社に対する感謝の気持ちでいっぱいである。そしていつまでも中公新書や中公文庫の一冊であってほしかった。

しかし思わぬことが起こった。それは秦郁彦《はたいくひこ》氏が本書を剽窃《ひょうせつ》の書という印象を与える文章を書いていることが、偶然、私の目にとまったことである。秦氏がだいぶ前に本書について何かに書いていることを耳にしたことがあったが、気にしなかった。しかし今度は菊池寛賞受賞の『昭和史の謎を追う』(上)という単行本のなかに書いてあるのだ。放っておけば私の汚名は末代まで残る。

そこで、秦氏が最初に本書に対する批判を載せた月刊誌『正論』に反論を載せていただいた。タイトルは最初「秦郁彦氏に与う」としたのであるが、同誌編集長のご配慮に従い、元来の副《サブ》タイトルを主《メイン》タイトルにし、主タイトルであった「秦郁彦氏に与う」を副タイトルにしたが、内容は変わっていない。しばらくして『正論』編集部から、「秦氏は時間の無駄だから反論はしないと言っている」という連絡があった。

この雑誌が出ると、そのコピーを秦氏の問題の書の出版社である文藝春秋社の出版部と、中央公論社の出版部に送った。担当の人たちに会って相談したいと思ったからである。文藝春秋社からは折り返し返事があって、出版担当の重役が会ってくれることになった。その時、私は次のようなことを話した。

(1)秦氏が、まず例の本のなかで私および拙著『ドイツ参謀本部』に言及した部分を削除し、遺憾の意を表されることを望む。

(2)その場合は、私は『ドイツ参謀本部』の今後の版の末尾に、「秦郁彦氏より剽窃《ひょうせつ》の趣旨の批判を受けたが、秦氏はその後それを取り消し、遺憾の意を表された」という趣旨の一文を添える。

これに対し、文藝春秋社の出版担当重役は、「当方としても、わが社の出版物に重大な疑義が提起された以上、著者である秦氏がこれに反論するなり、何らかの対応をされない場合、秦氏の当該著書の増刷は見合わせざるをえませんし、文庫に入れることも難《むずか》しいと思います。その旨《むね》、私から秦氏に伝えます」ということであった。

このようなわけで、秦氏からの反論待ちになったわけである(その後も秦氏の反論はなく、秦氏の例の本は増刷されていないと間接的に聞いたが、確かめていない。というのは、次に述べる中央公論社との話し合いによって、どのみち、私としては、右に述べた(3)の道を取らざるをえなくなったので、文藝春秋社の対応は、私の関心の外のことになったからである)。

一方、中央公論社からは返事がなかなか来なかった。一カ月半ぐらい経《た》っても返事はないのに、重版の知らせがあった。それで再び連絡して、直接に中公新書の担当の方々《かたがた》と話し合いをすることになった。中公新書の側としては、秦氏も私も同じ新書の著者であるので、新書で論争になるのは好ましくない、という意見であった。

私は文藝春秋社の担当重役に述べたのと同じような三点を述べ、このいずれも聴《き》き容《い》れてもらえない場合は、中央公論社から版権を引き上げるしか仕方がないと言った。担当者の方々は、私の言い分にも理はあるので、社に帰ってから秦氏とも相談し、なお検討するということで、その返事は遅くとも約一カ月半後の四月末（平成九年）ということになった。そして五月の初旬、再びお会いしたところ、私の要請した三点はすべて聴き容れてもらえないことがわかった。それで絶版とし、他社から出すことになったわけである。

中公新書が「同じ新書のなかの一冊を他の一冊が批判するのはまずい」という方針をお持ちなのは一つの見識なので、それはそれでよいと思う。しかし私の立場からすれば、次のような言い分がある。

(1)その論理は、A大学の同じ教授会に属する教授は他の教授を批判してはいけないことにも通ずると思う。たしかに同じ教授会に属する教授たちが論争することは稀《まれ》であるが、ないわけでもない（東大でもあったことは西部《にしべ》邁《すすむ》氏の諸論文などでも明らかである）。

(2)私の『ドイツ参謀本部』は秦氏の『南京事件』（中公新書）に言及したり批判したりしていない（私の本のほうが十数年も前に出ているのだから当然だ）。だから「中公新書」のなかの本の間での論争ではない。

(3)秦氏が「中公新書」のなかに収められた私の本を誹謗《ひぼう》したのは別のところであり、

私が反論したのも別のところである。そして私が要求したのも、中公新書のなかの私の著書に対する秦氏の誹謗は根拠がなかったという遺憾の表明だけである。どちらかと言えば抽象的な遺憾の表明にすぎず、秦氏の中公新書の一冊『南京事件』は関係がない。秦氏としてはそれによって失うものがない。しかし菊池寛賞受賞作品のなかで盗作呼ばわりされた私の中公新書『ドイツ参謀本部』の名誉に対する配慮は、まったくなされていないことになる。

このようなわけで絶版を決意したわけである。しかし、なお考慮の余地はないかと約二カ月の時間を置いてゆっくり考えてみたが、私の本の名誉を守るのは私自身しかいないことが、時間の経過とともに明らかになったので、絶版にする旨《むね》の内容証明を中央公論社に送ることになった（平成九年六月十日付）。

「読者への責任」として

なぜ私が私の『ドイツ参謀本部』の巻末に、秦氏の遺憾の言葉を付けることにこだわったかについて、一言しておきたい。それは活字によってなされた名誉毀損《きそん》は、活字で恢復《かいふく》し続けるより仕方がないという理由によってである。

これのヒントとなることを、私はヴィクトリア朝の代表的な二人の英国史家の例から知らされた。フリーマン（Edward Freeman. 一八二三―九二）は五巻の『ノルマン征服史』をはじめとする多くの歴史的著述のある歴史家で、オクスフォード大学の近代史欽定《きんてい》講座担当教授であった。またフルード（James A. Froude. 一八一八―九四）は十一巻の『英国史』（主としてチュードル王朝）をはじめとする多くの著作のある歴史家であり、フリーマンのあとを継いでオクスフォード大学の近代史欽定講座担当教授となった人である。

ところがフリーマンは、フルードの歴史を倦《う》むことなく、しかも相当口汚く雑誌で批判しつづけたのである。その批判の多くは誤解かフリーマン自身の誤りによるものであった。フルードはシャイな人として友人に知られており、いちいち反駁《はんばく》するような人でなかった。しかしある時、あまりのことに我慢できず、こういう趣旨の反駁をした。

「私の本のどの一ページでも開いてみてください。そこに引用しているどの引用文でも原典に当たってみてください。一つでも間違いや不正確な引用や、誤解に基《もと》づく引用があったら指摘してください」

これに対してフリーマンの返答はなかった。しかしフリーマンのような有名な学者に長期にわたって悪口を言いつづけられたことは、フルードの歴史に対する一般読者の信頼感を甚《はなは》だしく傷つけたのである。フルードは最初から反駁すべきであった。そしてその反駁文は自著の巻末に付けておくべきであった。

さすがにフルードの反駁文は効《き》いて、心ある人々の努力でフリーマンのあとを襲《おそ》ってフルードはオクスフォード大学の教授に推薦された。しかし現在、エリザベス朝を研究する人が、どれだけフルードの本を参考にしているか知らない。私のこの分野の知識は限られているので、文字どおり寡聞《かぶん》なのだが、私は寡聞にして最近フルードを利用したり引用した本や論文を知らないのだ。フルードの引用文が隅々《すみずみ》まで信用できることを私が知ったのは、ハーバート・ポール（Herbert W. Paul 一八五三―一九三五）の『フルード伝』(Life of Froude, 1905) という、今頃は読む人もほとんどないと思われる伝記を、スコットランドに一年滞在していたときに閑《ひま》にあかして読んだからである。それで私の『イギリス国学史』(研究社) ではフルードを引用しているところがあるが、ひょっとしたらフルードを利用した戦後唯一の本ではあるまいか、などと独り悦《えつ》に入っている。

それもフルードが、たった一回にせよ反論を書いておいてくれたこと、しかもその反論が明治三十八年（一九〇五年）頃に出た伝記に引用されているのを私が偶然、目にとめたことによる。フルードの本の出版社が、この反論を彼の本の巻末に付けておいてくれたら、同時代人や後世の人はフルードに対する見方を変え、したがって英国史に関心がある人に裨益《ひえき》するところが大だったのではないかと思う。

いくらなんでも小著『ドイツ参謀本部』がフルードの大著と並べうるものでないことは重々《じゅうじゅう》承知している。しかし著者は読者に対して責任があるわけであるから、自分の著書が不当に誹謗《ひぼう》されたら弁明する義務があると思う。

また活字は後世にどのような形で残るか解《わか》らない。秦氏の本は多くの図書館や書斎に残るであろう。いつ、誰かがそこで渡部の『ドイツ参謀本部』は剽窃《ひょうせつ》の書だという根拠なき毒舌を信ずるかもしれない。月刊誌『正論』に掲載させていただいた私の反論は、雑誌という性質上、後世に読む人がいることをあまり期待できない。

そこで単行本による誹謗には、単行本で答えることにしたわけである。自分の子どもがいじめられるのを学校が守ってくれなければ、親が守る手段を講じなければならない。『ドイツ参謀本部』は渺《びょう》たる小著ではあるが、私の知的生活が産んだ子どもである。出版社がその名誉を守る気がないなら、親の私がそれを守る手段を見つけなければならない。読者の方々にはその辺の事情をご理解くださるようにお願いする次第である。

この小著がそもそも産まれ出る機会を与え、かつ二十年間にわたって売りつづけてくださった正慶氏や中央公論社の御恩は忘れるものではない。あらためて御礼申しあげる。

渡部昇一

〈特別掲載〉指揮官はいつも上機嫌でなければならない

元統合幕僚長 河野克俊

平成二十六年(二〇一四年)十月十四日、私は第五代統合幕僚長に就任し、自衛隊制服組のトップとなった。何度も言って恐縮だが、よくぞここまで来たものだと思う。

トップとなった以上、トップのあり方について考えてみた。その際に渡部昇一上智大学名誉教授の著書『ドイツ参謀本部』は参考になった。

明治陸軍は当初フランスから学んだ。『坂の上の雲』に登場する秋山好古は騎兵戦術を学ぶためフランスに留学している。ところが普仏戦争でプロシアが勝利するとフランスからロシアに乗り換えた。ドイツは、プロシア時代から参謀本部という組織をつくり、名参謀を育成してきた。そこで明治陸軍も、プロシアのモルトケ参謀総長の推薦するメッケル少佐を教官として招聘して学んでいる。メッケル少佐は教務の一環として関ケ原の戦いの東西の陣容図を見て、西軍勝利を確信したが、結果は東軍勝利だった。なぜか分からなかったメッケルが理由を尋ねると、原因は裏切りであることが分かり納得したという話は有名である。

ところが、優秀な参謀たちがたくさんいたにもかかわらず、ドイツは第一次世界大戦で敗北した。

ヒトラーが出てくる前の最後の参謀総長だったゼークトに、そのことについて問うた人がいる。

ゼークトは、「参謀本部はこれという間違った作戦をやっていない。ただ、上手くいかなかったのは、司令官が途中でおたおたしたからである」と述べたという。つまり、ドイツ陸軍は完璧なる理想的な参謀をつくることには成功したが、司令官すなわち指揮官をつくることには失敗したわけである。

では、どうしたらいい司令官ができるか、と問われて、ゼークトは「それは分からない」と答え、ただし、これだけは言えるとして、「いつでも上機嫌でいる」こと「朗らかな気分を維持できる人」が司令官にとっては一番重要であると指摘したのである。

人それぞれ理想の指揮官像を持っていると思うが、このゼークトの言葉は、ある意味真理をついていると思う。


『統合幕僚長』(WAC BUNKO)より引用

本書は二〇一二年に刊行された
『渡部昇一著作集／歴史② ドイツ参謀本部』を
一部改変・修正し、WAC BUNKO化したものです。

渡部昇一（わたなべ　しょういち）
1930年、山形県生まれ。上智大学大学院修士課程修了。ドイツ・ミュンスター大学、イギリス・オックスフォード大学留学。Dr.phil.（1958）、Dr.Phil.h.c（1994）。上智大学教授を経て、上智大学名誉教授。その間、フルブライト教授としてアメリカの4州6大学で講義。専門の英語学のみならず幅広い評論活動を展開する。76年、第24回エッセイストクラブ賞受賞。85年、第1回正論大賞受賞。英語学·言語学に関する専門書のほかに『知的生活の方法』（講談社現代新書）、『知的生活の準備』（KADOKAWA）、『渡部昇一「日本の歴史」（全８巻）』（ワック）、『知的余生の方法』（新潮新書）、『人生の手引書』『魂は、あるか？』『終生　知的生活の方法』（いずれも扶桑社新書）、『音楽のある知的生活』（PHPエル新書）、『知的人生のための考え方 わたしの人生観·歴史観』（PHP新書）、『知的読書の技術』（ビジネス社）などがある。翻訳に『アメリカ史の真実』（チェスタトン著・渡部昇一監修・中山理訳/ 祥伝社）など。2017年、逝去。享年86。

ドイツ参謀本部《さんぼうほんぶ》

2024年３月９日　初版発行

著　者　渡部 昇一

発行者　鈴木 隆一

発行所　ワック株式会社

東京都千代田区五番町 4-5　五番町コスモビル　〒102-0076
電話　03-5226-7622
http://web-wac.co.jp/

印刷製本　大日本印刷株式会社

ⓒWatanabe Michiko
2024, Printed in Japan
価格はカバーに表示してあります。
乱丁·落丁は送料当社負担にてお取り替えいたします。
お手数ですが、現物を当社までお送りください。
本書の無断複製は著作権法上での例外を除き禁じられています。
また私的使用以外のいかなる電子的複製行為も一切認められていません。

ISBN978-4-89831-897-3